人 民 邮 电 出 版 社
北 京

图书在版编目（CIP）数据

国色佳人 ：古风妆容发型设计与饰品制作 / 樊雪梅编著. -- 北京 ：人民邮电出版社，2021.4
ISBN 978-7-115-55695-0

Ⅰ. ①国… Ⅱ. ①樊… Ⅲ. ①发型－设计 Ⅳ. ①TS974.21

中国版本图书馆CIP数据核字(2020)第265481号

内 容 提 要

本书分为五章，分别讲解了古风妆容基础、古风发髻的制作方法、古风饰品的制作方法、九大名画仕女妆容造型及十大历史人物造型。

本书知识框架严谨，采用循序渐进的讲解形式，以方便读者理解。书中的案例采用精美高清步骤图，配以详细的文字说明，兼具实用性与欣赏性，可让读者获得沉浸式阅读体验。此外，本书附有 6 个在线视频，以方便读者更直观地进行学习。

本书适合影视造型师、汉服造型师及古风爱好者学习和参考。

◆ 编　　著　樊雪梅
　责任编辑　张玉兰
　责任印制　马振武

◆ 人民邮电出版社出版发行　　北京市丰台区成寿寺路 11 号
　邮编　100164　　电子邮件　315@ptpress.com.cn
　网址　https://www.ptpress.com.cn
　北京宝隆世纪印刷有限公司印刷

◆ 开本：889×1194　1/16
　印张：11.75
　字数：380 千字　　　2021 年 4 月第 1 版
　印数：1 – 2 300 册　　　2021 年 4 月北京第 1 次印刷

定价：129.00 元

读者服务热线：(010) 81055410　印装质量热线：(010) 81055316
反盗版热线：(010) 81055315
广告经营许可证：京东市监广登字 20170147 号

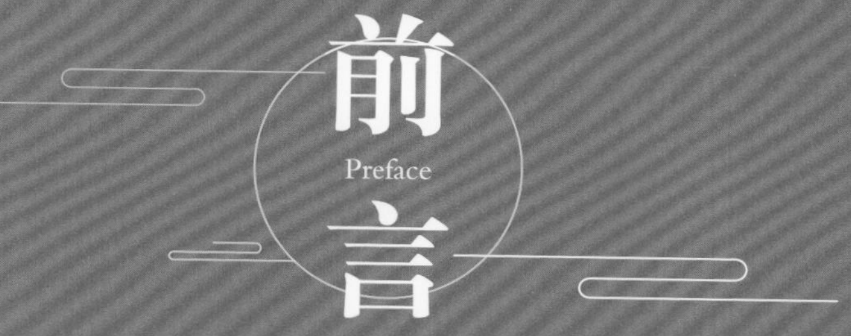

席勒说："从美的事物中找到美，这就是审美教育的任务。" 我认为，我所从事的行业就是通过美的事物传承美，传承那份具有中国传统文化底蕴的美。我从事影视化妆工作20多年，很庆幸一直在做自己喜欢的事。我为多部电影和电视剧设计过造型。很高兴能有机会与出版社合作，出版一本关于影视化妆造型的专业书。

近年来，化妆造型行业对古风造型的学习需求越来越明显，我觉得有必要为大家带来这样一本具有实操性的专业书。本书介绍了具有代表性的8种古风唇妆和9种古风眉妆，18种古风发髻的制作，以及6种古风饰品的制作。这些基础知识对于古风整体造型至关重要，希望大家认真学习。此外，本书通过两章的篇幅分别介绍了九大名画仕女造型和十大历史人物造型。为了使每个造型都符合角色的年代、身份，我不仅查阅了大量的资料，还在模特儿和服装道具选择上下足了功夫。希望读者翻开这本书时，能够获得精致的视觉体验，并通过本书能真正掌握古风造型技术。

这是我编写的第一本书，经过两年的努力终于创作完成。我为本书倾注了大量的时间和心血，编写过程中严格把控每一个细节。希望拿到本书的读者朋友能够爱上影视化妆造型，也希望能够借本书与同样喜欢古风影视化妆造型的朋友们交流、探讨。独学而无友，则孤陋寡闻。希望我们一起学习，一起进步。希望本书能够为读者学习古风造型略尽绵薄之力。

本书的创作完成离不开一个团队的努力。感谢北京康雅吉丽影视化妆造型团队成员樊成、聂义帅、高娅，感谢摄影师苑庆伟、李艺杰，感谢本书部分服装提供者姚灵芝。有了你们，本书的价值才得以最大限度地呈现出来。

由于时间有限，书中难免存在不足之处，敬请各位读者批评指正。

樊雪梅

2020年11月

推荐语

樊雪梅是我的得意门生，她一直致力于影视剧化妆造型的创作，并在该行业取得了优秀的成绩。如今看到她所编写的这本书我甚是欣喜。此书不仅展现了中国古风文化，还赋予了每个造型深刻的艺术底蕴。如果你是古风造型爱好者，那么这本书将是值得你一看的好书。

——飞天奖获得者、影视造型师　杨树栋

我们胥渡吧和雪梅姐、樊成哥合作过很多次，曾请他们为胥渡吧的经典角色设计仿妆。他们做的造型会在还原的基础上进行细节创新，他们当之无愧是当代造型艺术的一流“手艺人”。

——胥渡吧创始人　胥渡

樊雪梅老师从事影视化妆行业数年，并参与了多部知名影视剧的创作。她有着丰富的专业知识和精湛的造型技术。与此同时，在她的辛勤培养下，她的学生们活跃于影视行业，其中许多人工作非常出色。我相信，樊老师编写的这本专业化妆造型书将会为更多爱好影视化妆的人带来帮助。

——影视化妆造型设计师　柯倩

樊老师是我特别欣赏的一位化妆造型师。她做事认认真真，做人踏踏实实，她编写的这本化妆造型书也是业内难得一见的好书，值得更多人学习和参考。

——第十届中国电影电视化妆金像奖获得者　苏志勇

樊雪梅老师从事影视化妆行业多年，参与并创作了大量优秀的影视化妆造型作品，积累了丰富的专业知识和技能。同时，她也是一位资深的影视化妆专业讲师，她将多年影视造型实践经验与教学经验相结合，培养出了许多优秀的化妆人才。樊老师热爱影视化妆行业，她一边进行艺术创作，一边认真教学，勤奋而执着。她编写的这本关于影视古装造型方面的专业书，是值得化妆从业人员和中国古典造型爱好者学习和收藏的一本好书。

——中国歌剧舞剧院化妆造型设计师　孙艾娜

“梅花香自苦寒来”这句诗最能体现雪梅姐的气质。这本书是她送给自己和热爱美好的你们的礼物。

——导演　徐飞

目录

第一章

古风妆容基础

唇若丹霞

【汉梯形唇妆】
【魏小巧唇妆】
【唐樱桃唇妆】
【唐蝴蝶唇妆（一）】
【唐蝴蝶唇妆（二）】
【唐蝴蝶唇妆（三）】
【清花瓣唇妆（一）】
【清花瓣唇妆（二）】

眉目如画

【远山眉】
【小山眉】
【却月眉】
【分梢眉】
【峨月眉】
【元眉】
【形眉】
【涵烟眉】
【柳叶眉】

·唇若丹霞·

汉梯形唇妆·

画这款唇妆时要注意对形状的把握及层次的晕染。

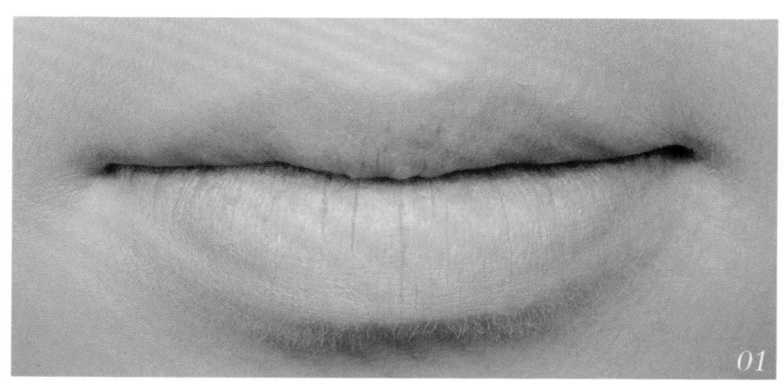
01

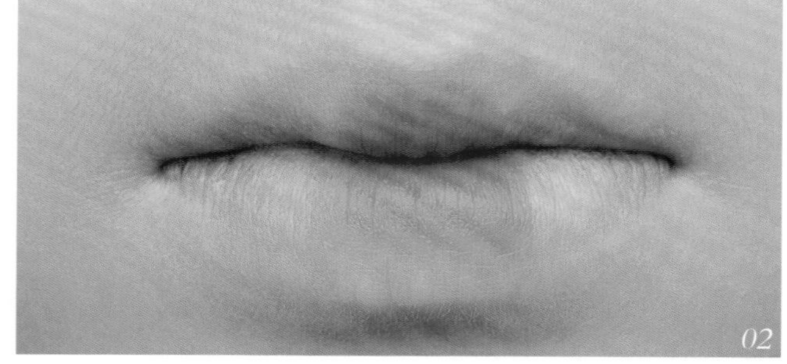
02

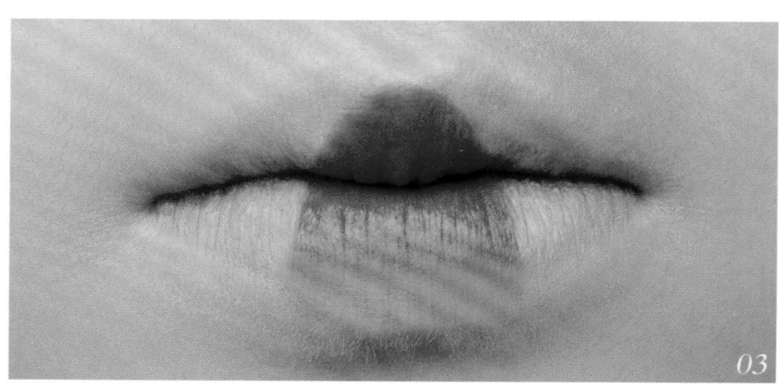
03

01 用遮瑕膏将模特原本的唇色全部遮住，并用一层薄薄的蜜粉进行定妆。

02 用唇刷蘸取亚光裸粉色唇膏，在上唇中间画一个半圆形，在下唇中间画一个梯形。注意越靠近下唇边缘线颜色越淡，表现出渐变的效果。

03 用大红色唇膏加深层次，注意保持下唇的渐变效果，然后用红色亚光眼影粉按压定妆。

魏小巧唇妆·

这款唇妆最大的特点就是看起来特别小巧。画这款唇妆时，唇峰一定要明显，唇边缘线要清晰，上下唇的比例要协调。

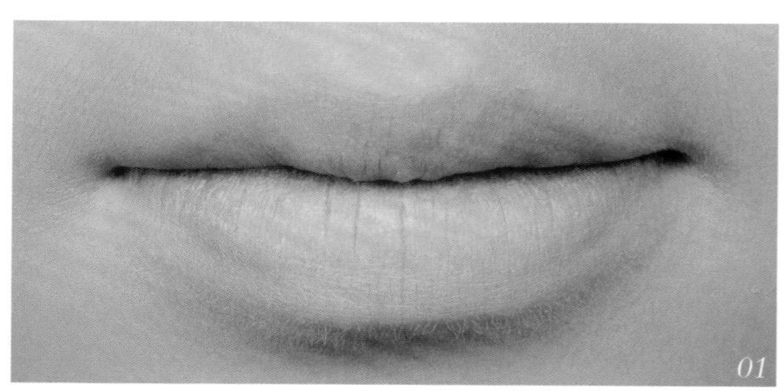
01

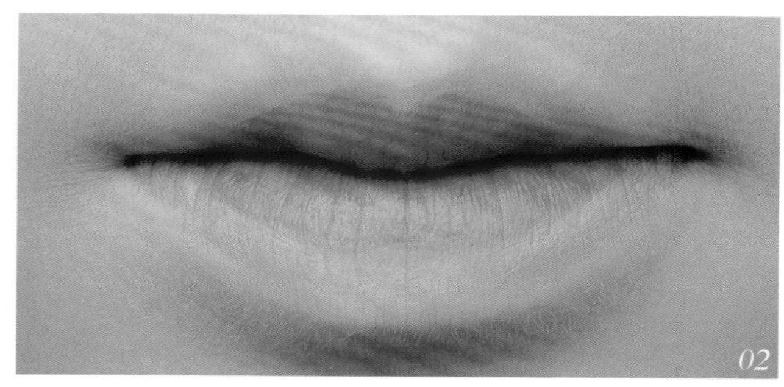
02

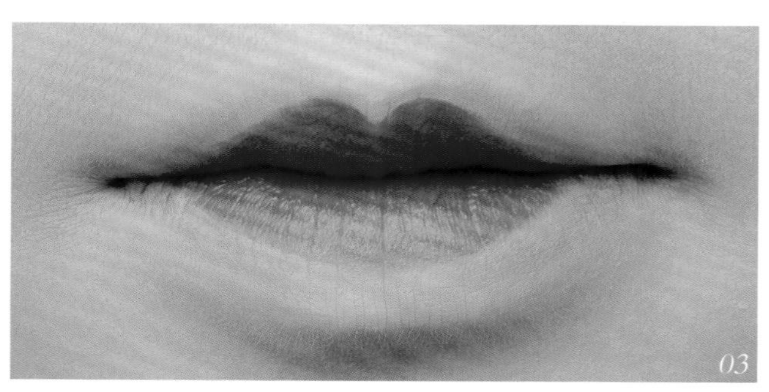
03

01 用遮瑕膏将模特原本的唇色全部遮住，并用一层薄薄的蜜粉进行定妆。

02 用唇刷蘸取裸粉色唇膏，在上唇由内向外描画2/3的唇面，这样就可以让嘴唇显得比较小巧。注意唇峰要明显。然后在下唇画出与上唇比例协调的圆弧形。

03 用大红色唇膏加深层次，然后涂一层唇釉。

唐樱桃唇妆

樱桃唇妆盛行于唐朝，其特点是娇艳、小巧。画此唇妆时要注意，唇妆的边缘要圆润，颜色要饱满、均匀。

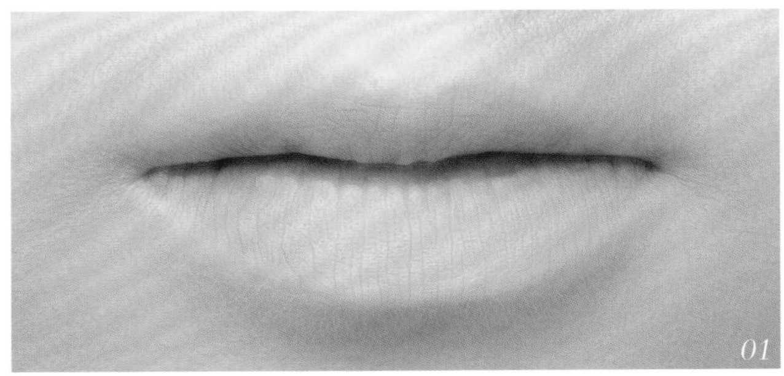
01

02

03

01 用遮瑕膏将模特原本的唇色全部遮住，并用一层薄薄的蜜粉进行定妆。

02 用唇刷蘸取亚光正红色唇膏，在上唇中间位置画一个“m”形状。注意画嘴角时向内收，以突出唇部中间。

03 下唇画个半圆形，下唇与上唇连接，注意画嘴角时向内收。整体唇形要小而精致，体现出娇艳、红嫩的感觉。

唐蝴蝶唇妆（一）

此唇妆上下唇的形状相似，但上唇宽、下唇窄，整体唇形小巧、饱满、精致。

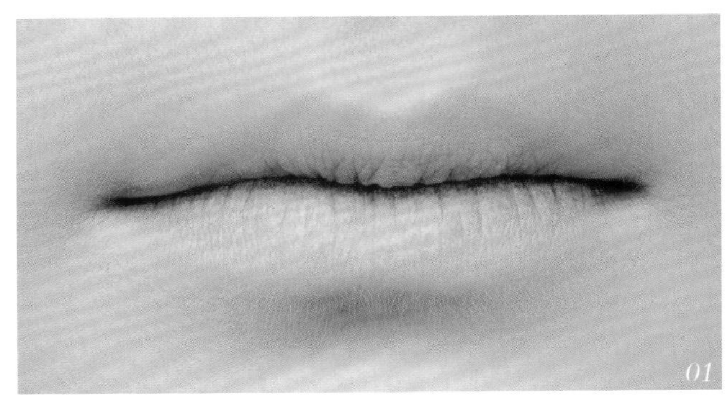
01

02

03

01 用遮瑕膏将模特原本的唇色全部遮住，并用一层薄薄的蜜粉进行定妆。

02 用唇刷蘸取裸粉色唇膏，在上唇画“M”形，唇峰圆润且要高于本身的唇形。描画下唇，下唇唇形要与上唇协调，且比上唇窄些。

03 用大红色唇膏加深层次，然后涂一层唇釉。

唐蝴蝶唇妆（二）

描画此唇形要注意上下唇形基本一致，整体要圆润、流畅。

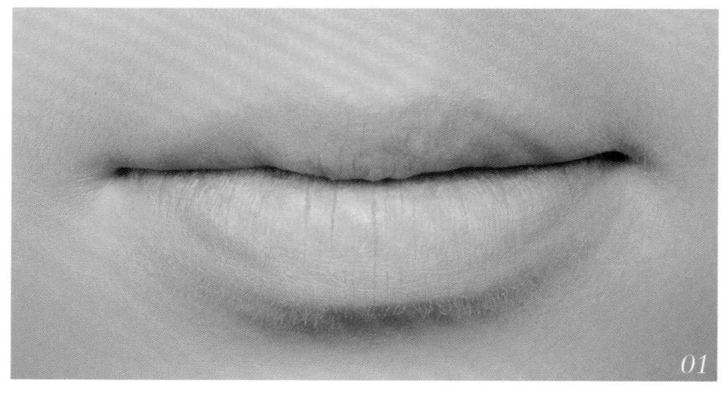
01

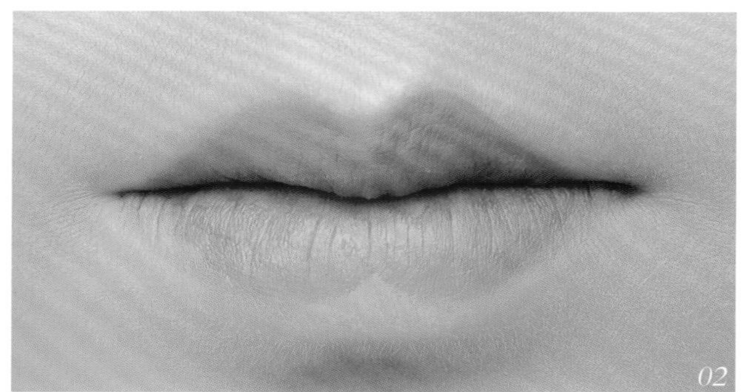
02

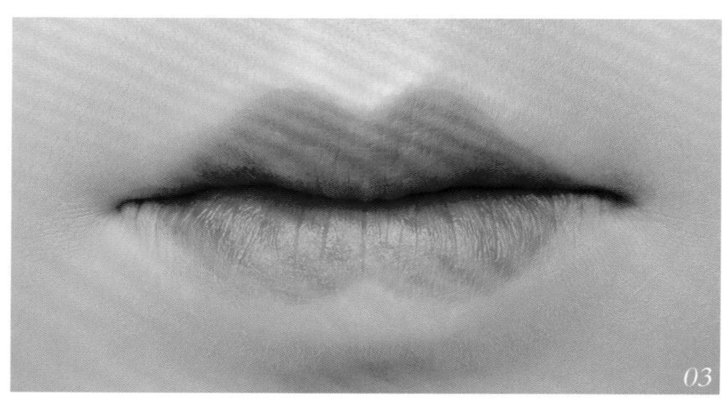
03

01 用遮瑕膏将模特原本的唇色全部遮住，并用一层薄薄的蜜粉进行定妆。

02 用唇刷蘸取裸粉色唇膏，在上唇画出“M”形，唇峰要圆润，下唇与上唇描画的形状对应、大小相等。

03 用大红色唇膏加深唇缝位置，体现出层次感，并表现出渐变效果，然后用同色眼影粉定妆。

唐蝴蝶唇妆（三）

描画此唇形需注意上唇边缘线要清晰，下唇范围缩小，晕染时注意层次效果。

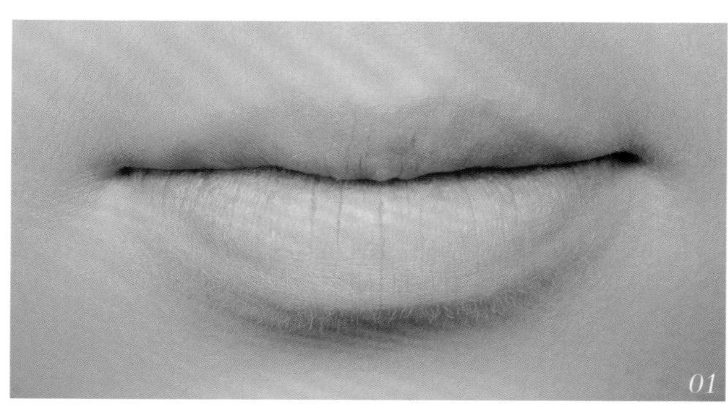
01

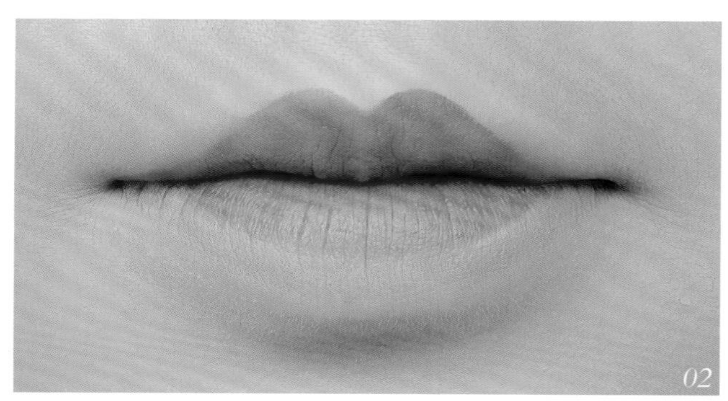
02

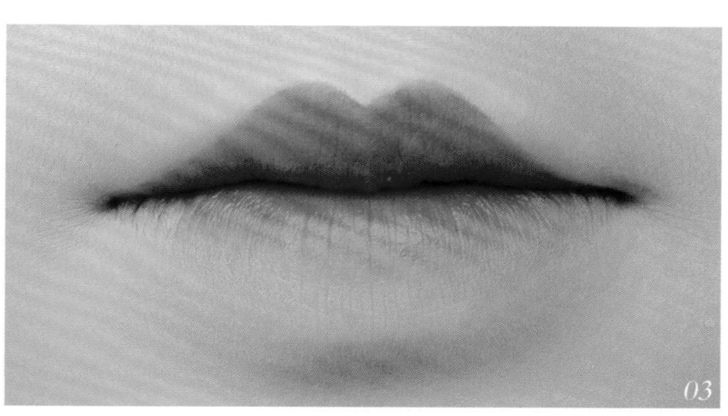
03

01 用遮瑕膏将模特原本的唇色全部遮住，并用一层薄薄的蜜粉进行定妆。

02 用唇刷蘸取裸粉色唇膏，在上唇画“M”形，唇峰要圆润。在下唇画出小于上唇的圆弧形。

03 用梅子色唇膏加深层次，注意将下唇线晕染开，形成渐变效果，不要有明显的分界线，然后用同色眼影粉定妆。

清花瓣唇妆（一）

此唇形描画时要注意对形状的处理，上唇正常描画，下唇画成长方形，唇色的饱和度一定要高。

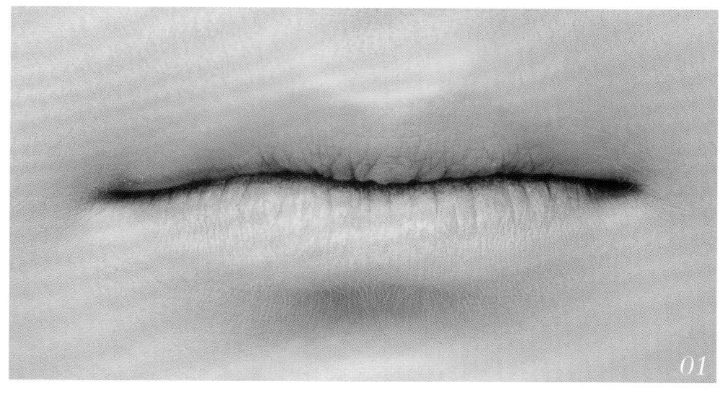
01

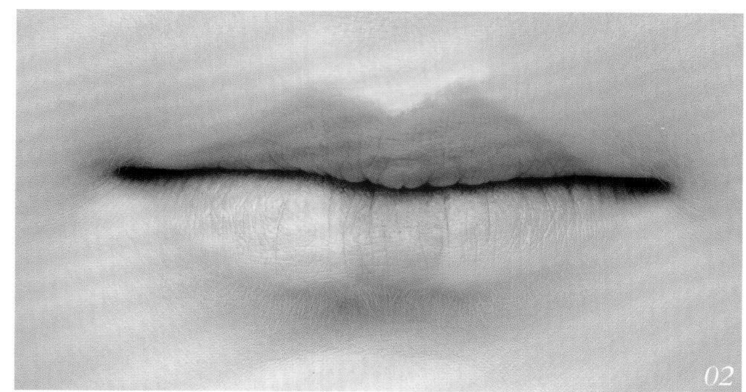
02

03

01 用遮瑕膏将模特原本的唇色全部遮住，并用一层薄薄的蜜粉进行定妆。

02 用唇刷蘸取桃粉色唇膏，在上唇画出“M”形，中间略厚，嘴角向内收。然后在下唇画出长方形，边缘线要清晰。

03 用玫红色唇膏加深层次，然后用玫红色亚光眼影粉按压定妆。

清花瓣唇妆（二）

描画这款唇妆时要注意，下唇多画出一个小长方形，上唇宽，下唇窄，整体精致。

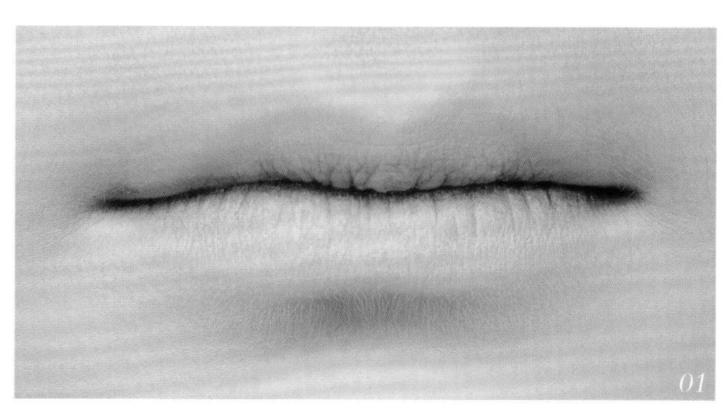
01

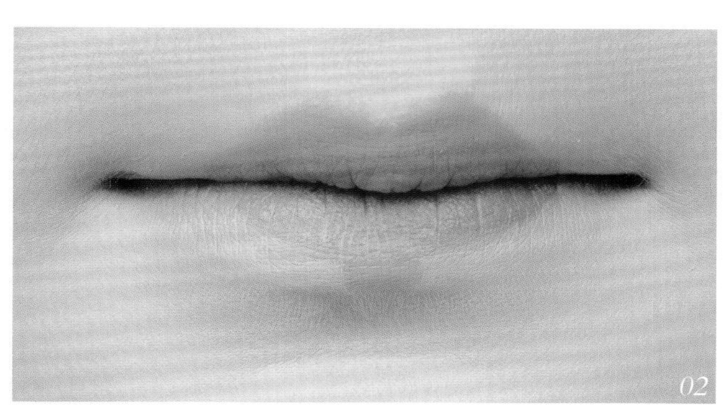
02

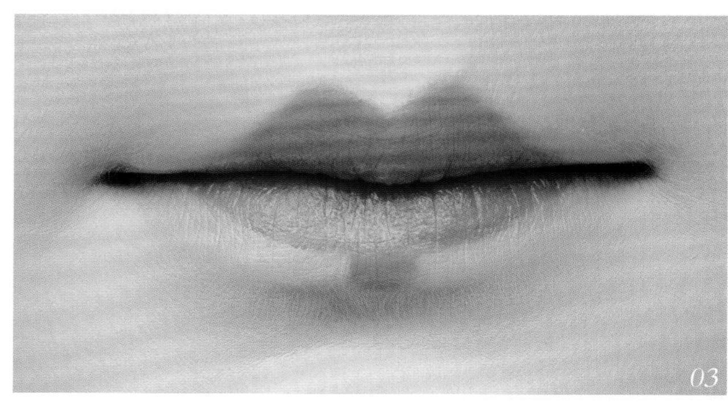
03

01 用遮瑕膏将模特原本的唇色全部遮住，并用一层薄薄的蜜粉进行定妆。

02 用唇刷蘸取桃粉色唇膏，描画上唇。将唇峰抬高，嘴角向内收。然后在下唇描画出一个圆弧形，并在其下方画一个小长方形，边缘线要干净、清晰。

03 用土橘色唇膏将颜色加重，然后用同色的亚光眼影粉按压定妆。

· 眉目如画 ·

远山眉

远山眉是由卓文君所创。才貌双全的卓文君将眉毛描画得具有远山般蜿蜒起伏的形态。纤细的眉形，色泽淡雅别致，引得同时代的女子们钦羡不已，纷纷效仿，形成了一股风潮。描画此款眉形的时候要注意，眉腰到眉尾有一个自然下垂的弧度，不要画得过于平直。

01

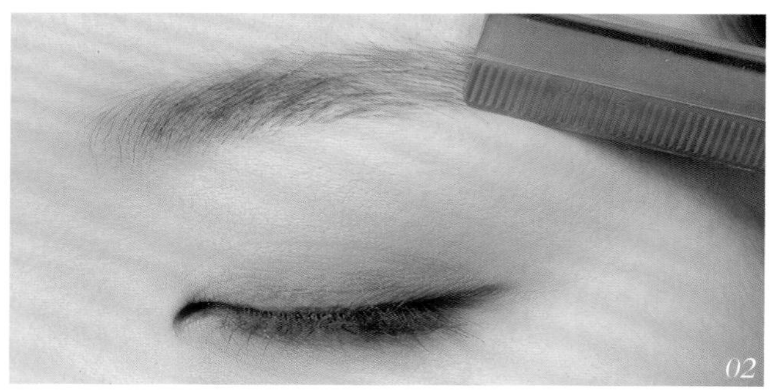
02

01 用螺旋刷将眉毛梳理整齐。注意眉腰部分要向斜上方梳理，眉峰和眉尾部分向斜下方梳理。

02 将眉眼间的杂毛用修眉刀剃除，细小的杂眉可用镊子拔除，拔的时候要夹紧根部，顺向拔起。注意只拔除边缘的杂眉即可，拔太多会让眉毛产生空隙。

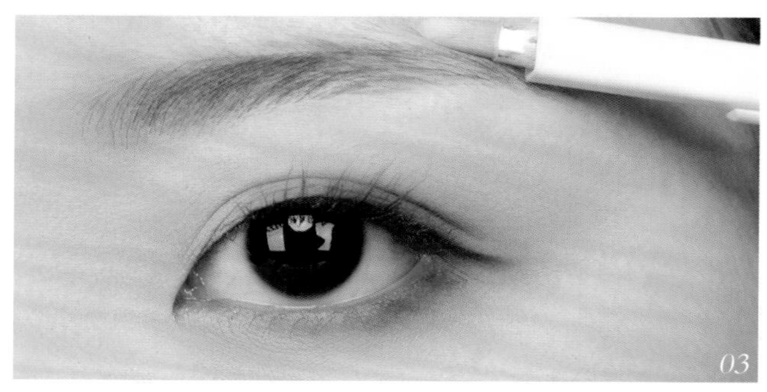
03

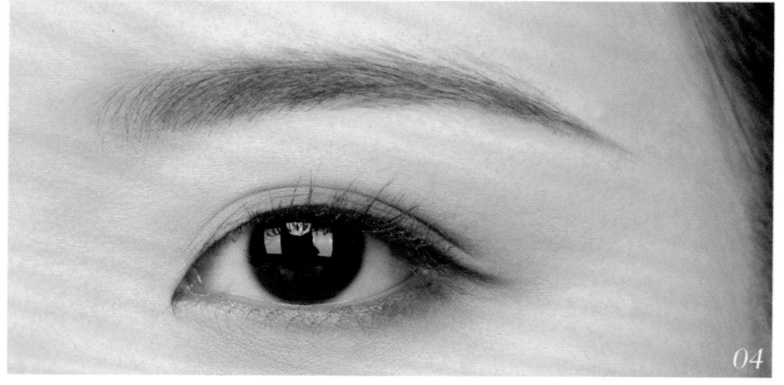
04

03 用遮瑕笔蘸取遮瑕膏修饰眉毛边缘，将眉峰遮盖住。

04 用灰棕色眉笔从眉头开始描画，颜色由浅到深。眉峰到眉尾要画得细一点，用灰色眉笔衔接。

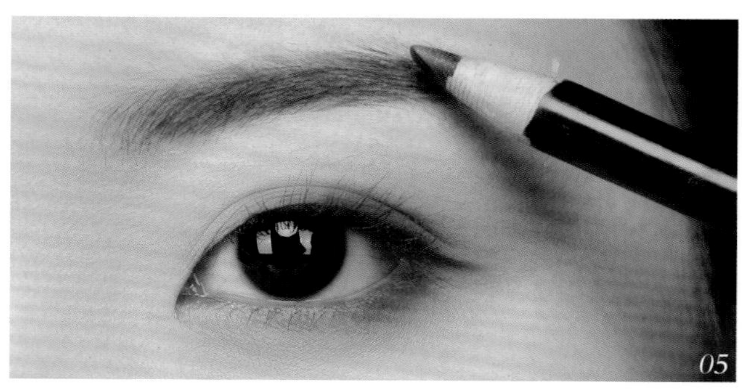
05

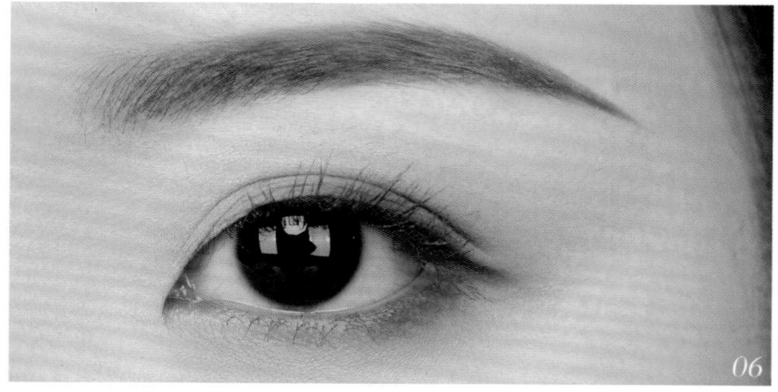
06

05 用黑色眉笔从眉腰处开始根据眉毛的生长方向一根一根地描画，表现出线条感。注意要描画得上虚下实，体现出层次感。

06 眉形描画完成后，用螺旋刷再次梳理眉毛，将眉毛上颜色比较深的部分淡化，使眉毛的颜色更加柔和。

小山眉

小山眉给人以淳朴、善良、勤劳、勇敢的感觉。描画出的眉形整体感觉要柔和，但是眉峰处要处理得硬朗一些。

01

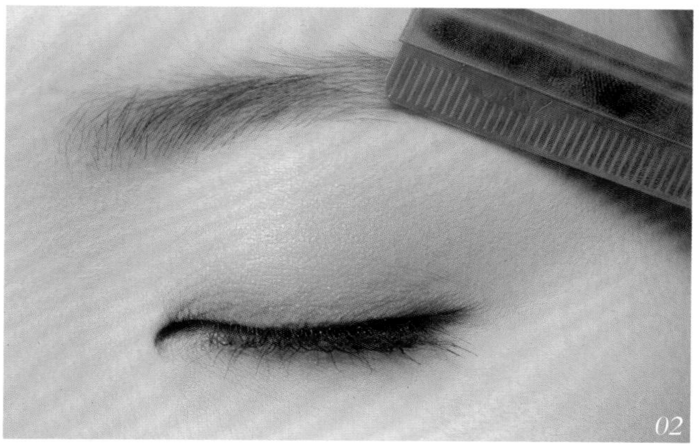
02

01 用螺旋刷将眉毛梳理整齐。注意眉腰部分要向斜上方梳理，眉峰和眉尾部分向斜下方梳理。

02 将眉眼间的杂毛用修眉刀剃除。细小的杂眉可用镊子拔除，拔的时候要夹紧根部，顺向拔起。注意拔除边缘的杂眉即可，拔太多会让眉毛产生空隙。

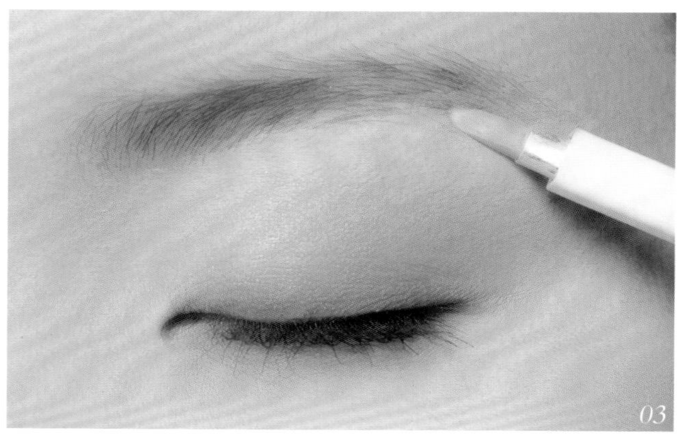
03

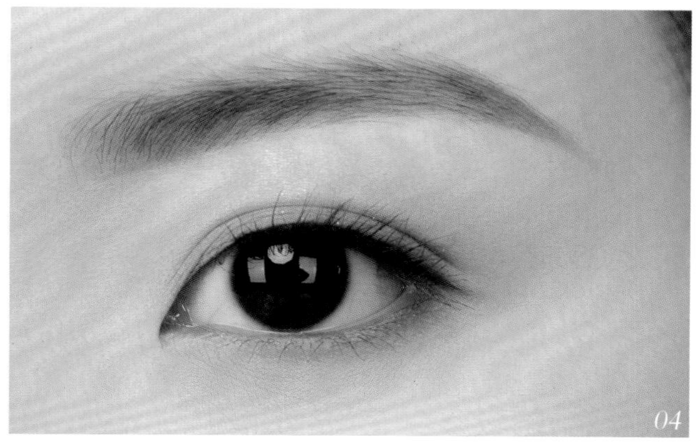
04

03 用遮瑕笔蘸取遮瑕膏，修饰眉毛边缘，目的是将模特自身眉毛的下边缘遮盖住，使眉形上扬。

04 用灰棕色眉笔从眉底线开始描画，注意眉峰较明显，整体眉形要上扬一点。

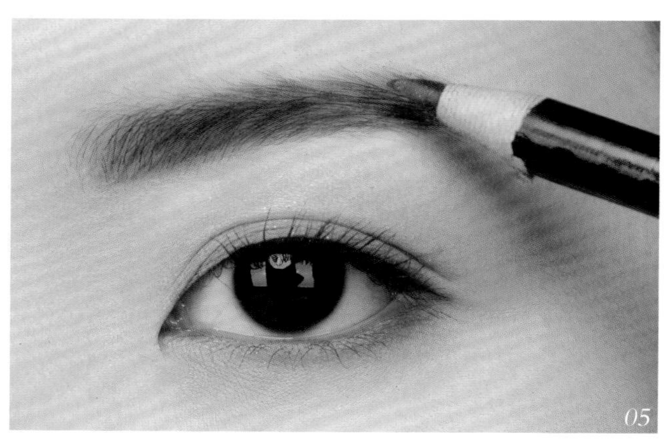
05

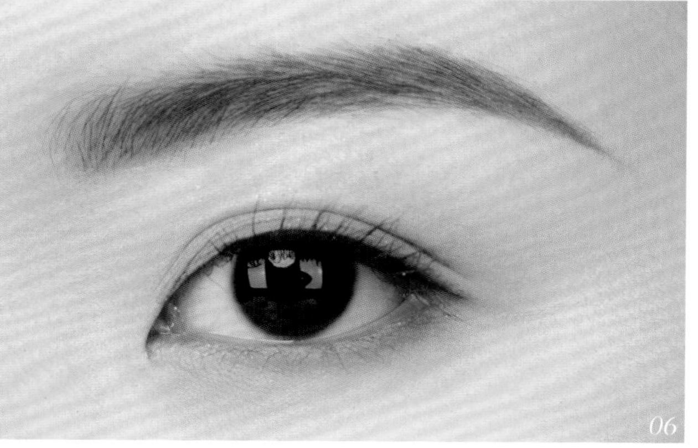
06

05 用黑色眉笔一根一根地描画线条，查漏补缺，眉峰要描画得硬朗一些，眉色柔和一些。

06 眉形描画完成，用遮瑕笔再次遮盖眉底线，使边缘清晰、干净。

却月眉

却月眉又称“月眉”，其形如上弦月。描画时眉头与眉尾要处理得较尖细，眉色比较浓重。

01

02

01 用螺旋刷将眉毛梳理整齐。

02 将眉眼间的杂毛处理干净。

03

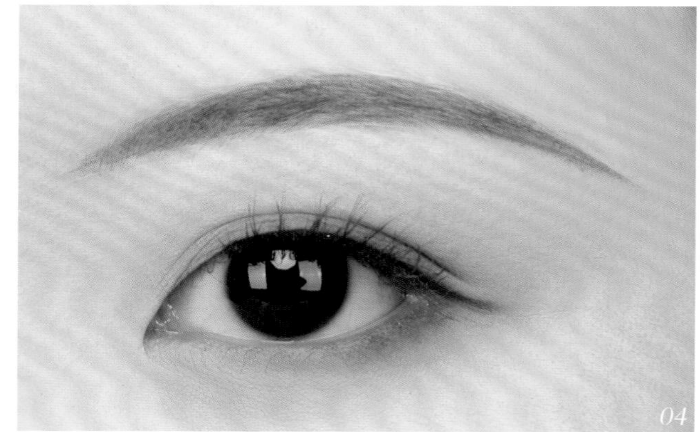
04

03 用遮瑕笔蘸取遮瑕膏，修饰眉毛的边缘，主要是将眉头上边缘和眉尾上边缘遮住，使眉毛整体呈月牙形。

04 用灰棕色眉笔从眉底线开始描画，注意将眉头压低，眉腰弧度圆润，眉尾尖细。

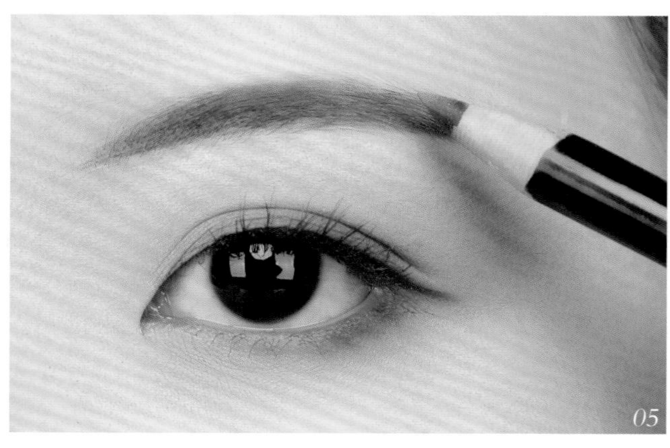
05

06

05 用黑色眉笔一根一根描画线条，查漏补缺。注意眉腰的颜色要重一些，眉头和眉尾的颜色要淡一些。

06 眉形描画完成，用遮瑕笔再次遮盖眉底线，使边缘清晰、干净。

分梢眉

分梢眉因眉尾分叉而得名。眉头细而色浓，眉尾粗、分叉而色淡。 分梢眉盛行于唐代玄宗时期。注意眉尾要描画得根根分明，并且描画的方向要一致，有长有短的眉毛才会显得自然。

01

02

01 用螺旋刷将眉毛梳理整齐。

02 将眉眼间的杂毛处理干净。

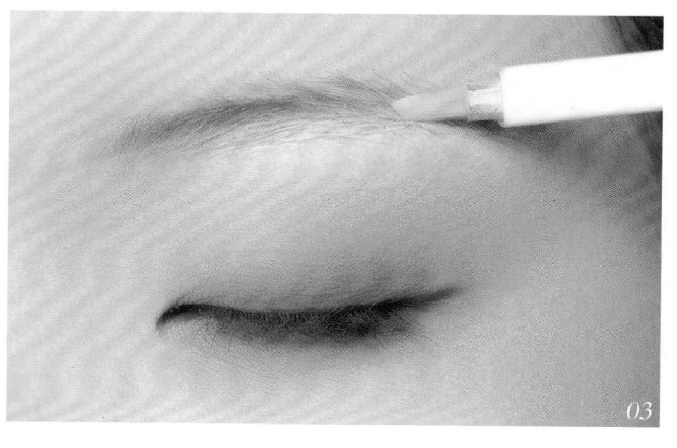
03

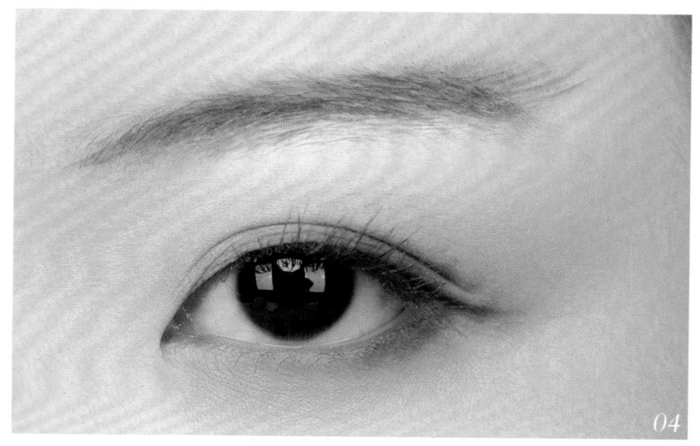
04

03 用遮瑕笔蘸取遮瑕膏，修饰眉毛边缘，将眉头和眉尾遮住。

04 用灰棕色眉笔从眉底线开始描画，注意眉头要描画得尖一些，眉尾上扬且分叉。

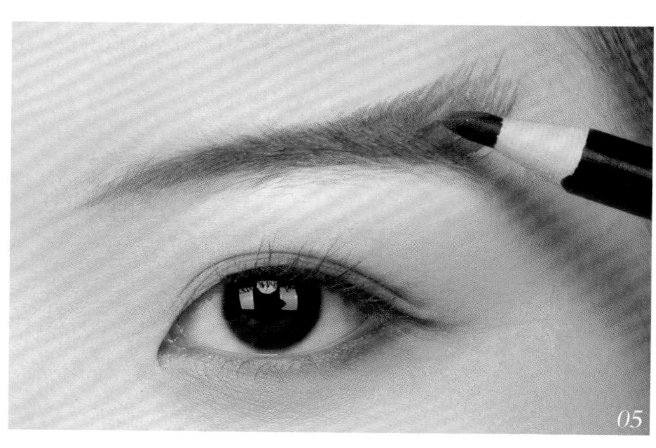
05

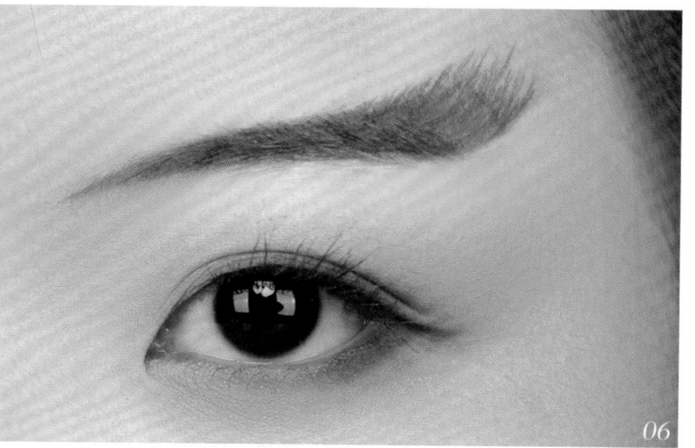
06

05 用黑色眉笔一根一根描画线条，查漏补缺。注意眉尾的线条要有长短变化，不要画得太整齐。

06 眉形描画完成，用遮瑕笔遮盖眉底线，使边缘清晰、干净。

峨月眉

峨月眉是盛行于唐代的眉形之一。描画此眉形时要注意，眉头是尖尖的，到眉峰处像一个月牙，眉尾向上扬起。此眉形一般适用于古代身份比较尊贵的人物形象，或者是魔化的人物角色。

01

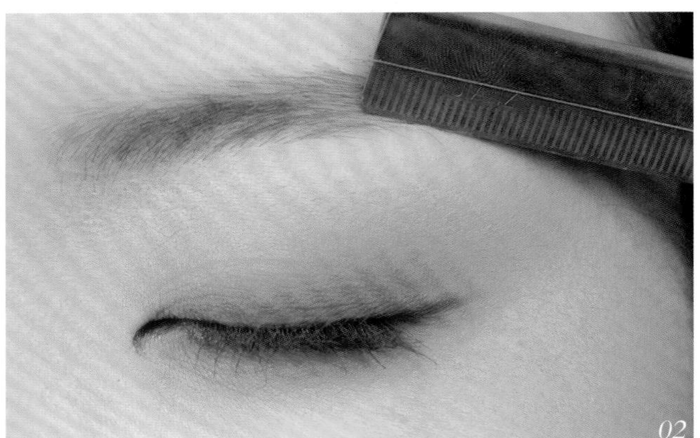
02

01 用螺旋刷将眉毛梳理整齐。

02 将眉眼间的杂毛处理干净。

03

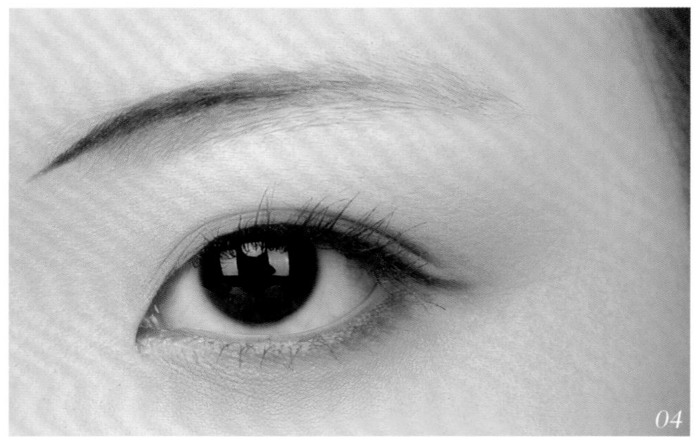
04

03 用遮瑕笔蘸取遮瑕膏，修饰眉毛边缘，使眉形显得细一些。

04 用灰棕色眉笔从眉头开始描画，将眉头压低并塑造得尖一些，眉腰要描画得圆润一些。

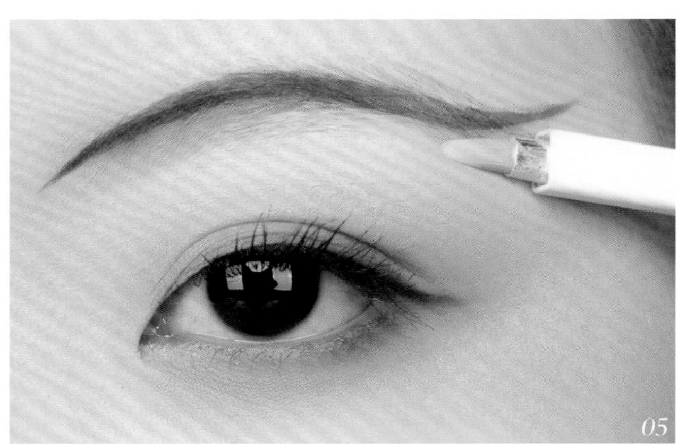
05

06

05 眉尾先向下描画再转而上扬。用黑色眉笔一根一根描画线条，以加深眉色。然后用遮瑕笔遮盖多余的眉毛，并用定妆粉按压定妆。

06 用螺旋刷梳理眉毛，使眉色更加柔和。

元眉

元眉盛行于元代，采用这款眉形的人物会显得特别英气。描画时要注意对直线条的处理，不要有弧度转折。

01

02

01 用螺旋刷将眉毛梳理整齐。

02 将眉眼间的杂毛处理干净。

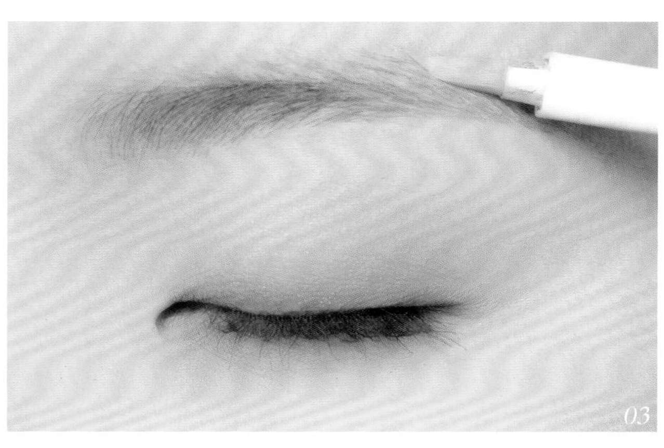
03

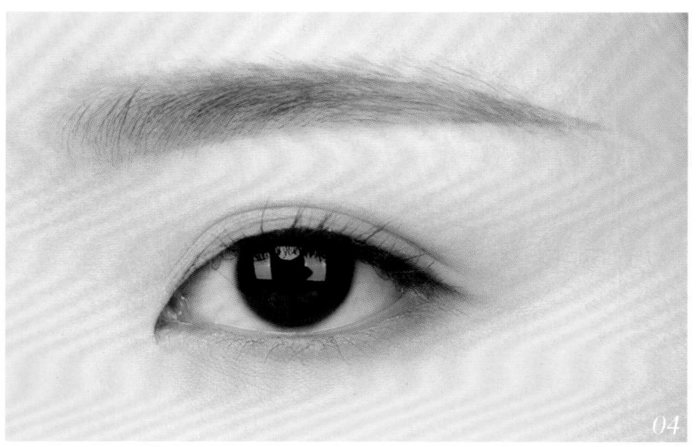
04

03 用遮瑕笔蘸取遮瑕膏，修饰眉毛边缘，将模特自身眉毛的眉峰遮住。

04 用灰棕色眉笔从眉头开始描画，颜色由浅到深，只需要体现出一点点眉峰就可以，眉底线要直。

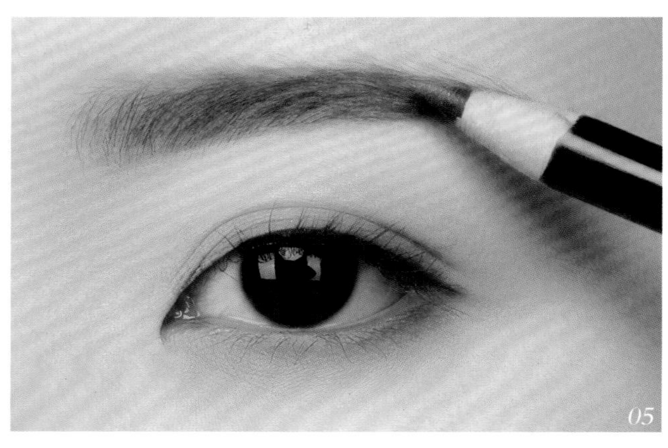
05

06

05 用黑色眉笔一根一根描画线条，注意上虚下实，以体现出层次感。

06 眉形描画完成，用螺旋刷再次梳理，使眉毛的颜色更加柔和。

形眉

形眉适合明代人物造型，能让人物角色气场很足，偏中性化。整体眉形感觉偏硬，注意眉峰要画得明显一些。

01

02

01 用螺旋刷将眉毛梳理整齐。

02 将眉眼间的杂毛处理干净。

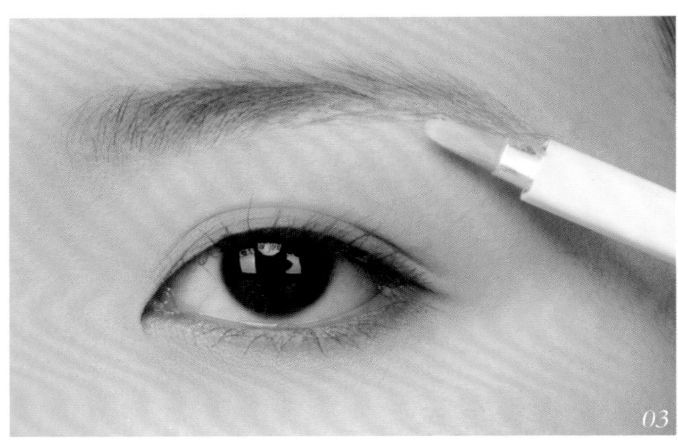
03

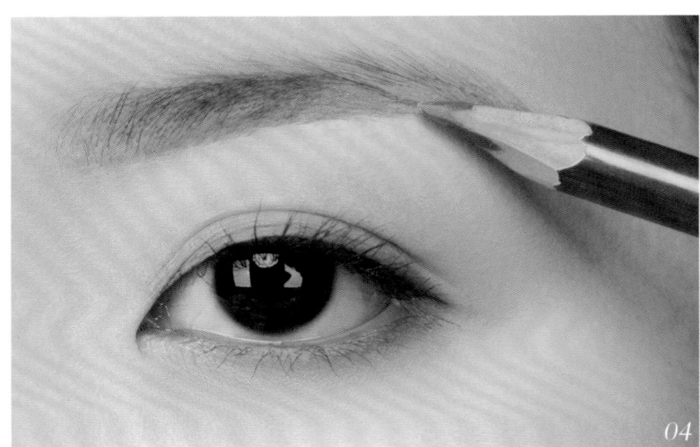
04

03 用遮瑕笔蘸取遮瑕膏，修饰眉毛边缘。眉尾如果低于眉头就需要将一部分遮盖住。

04 用灰棕色眉笔从眉底线开始描画，整体眉形偏直，给人的感觉偏硬，眉峰比较明显。

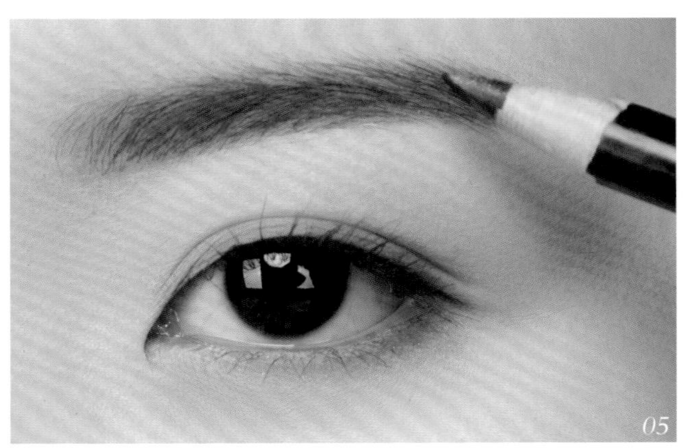
05

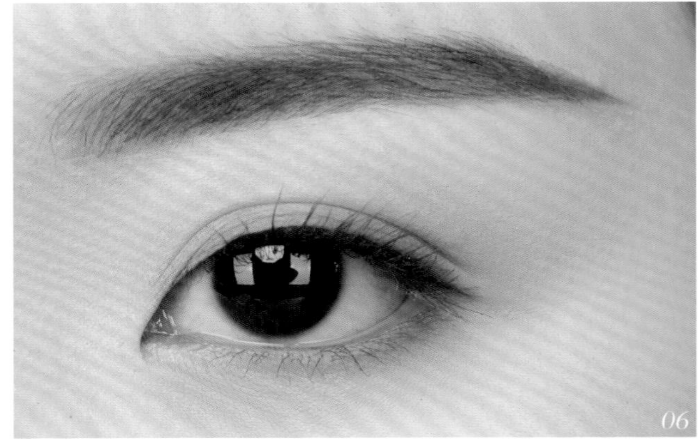
06

05 用黑色眉笔一根一根描画线条，注意上虚下实，以体现出层次感。

06 用螺旋刷梳理眉毛，描画完成。

涵烟眉

涵烟眉属唐代眉形。此眉形稍显夸张，一般用于比较夸张的人物造型（如皇后、贵妃等）。

01

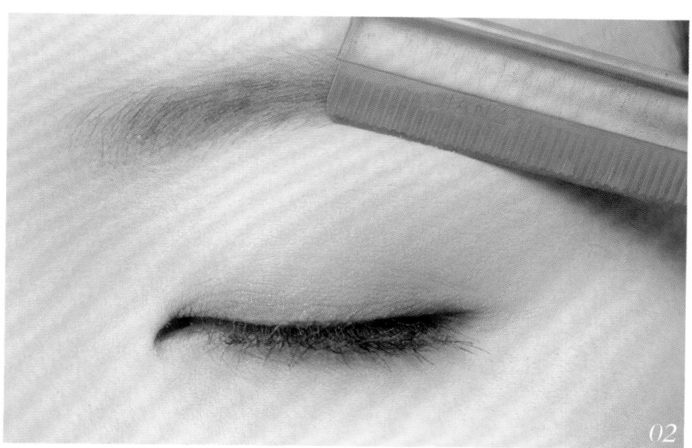
02

01 用螺旋刷将眉毛梳理整齐。

02 将眉眼间的杂毛处理干净。

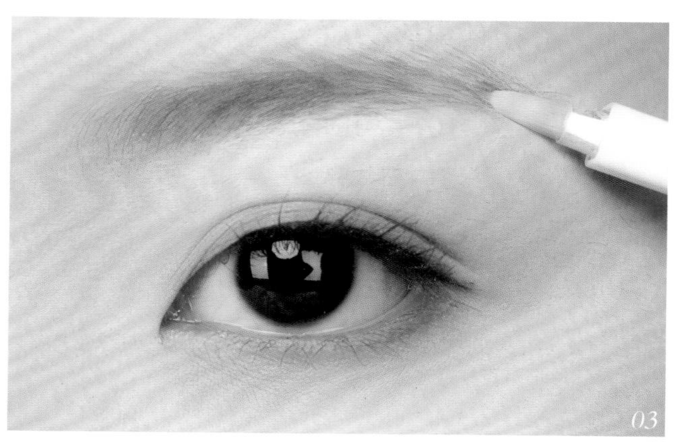
03

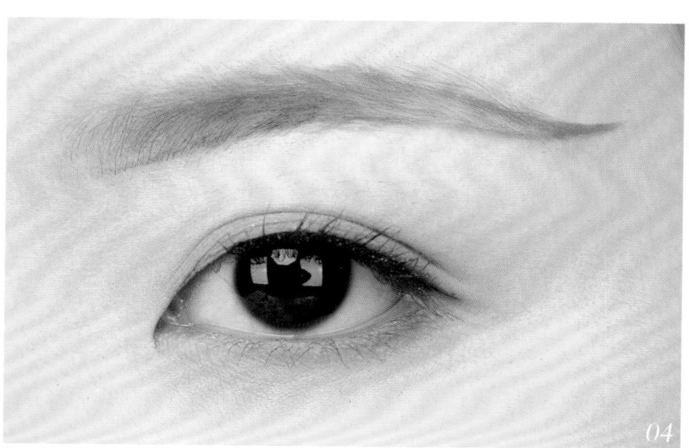
04

03 用遮瑕笔蘸取遮瑕膏，修饰眉毛边缘，将模特自身眉毛的眉峰与眉尾遮住。

04 用灰棕色眉笔将眉峰到眉尾的弧度描画出来。注意眉尾是上扬的。

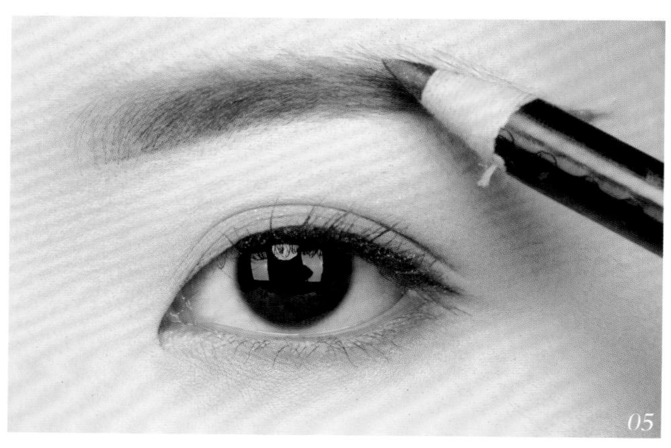
05

06

05 用黑色眉笔一根一根描画线条，注意上虚下实，以体现出层次感。

06 眉形描画完成，用螺旋刷梳理眉毛，使眉毛的颜色更加柔和。

柳叶眉

柳叶眉，顾名思义眉毛两头尖，呈柳叶形。女子都比较喜欢这种眉形，因为它能体现出女性温柔、美丽的特点。

01

02

01 用螺旋刷将眉毛梳理整齐。

02 将眉眼间的杂毛处理干净。

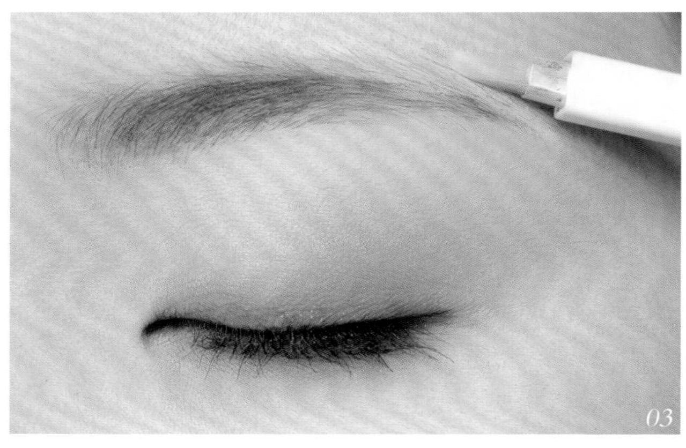
03

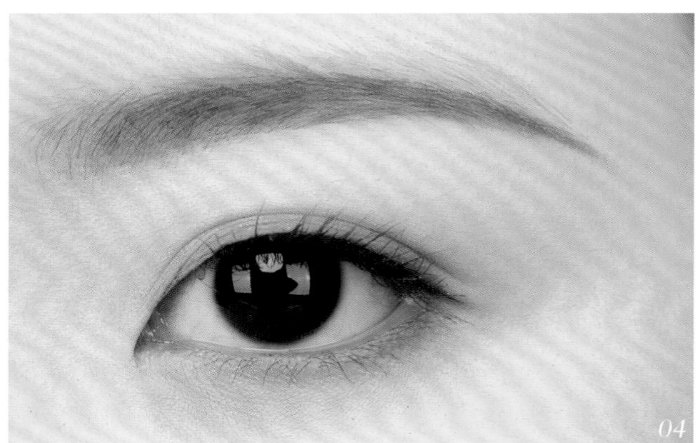
04

03 用遮瑕笔蘸取遮瑕膏，修饰眉毛的边缘。整体眉形比较细，弧度自然。

04 用灰棕色眉笔从眉头开始描画，颜色由浅到深。眉峰向后移，眉尾细长且下弯，用灰色眉笔衔接。

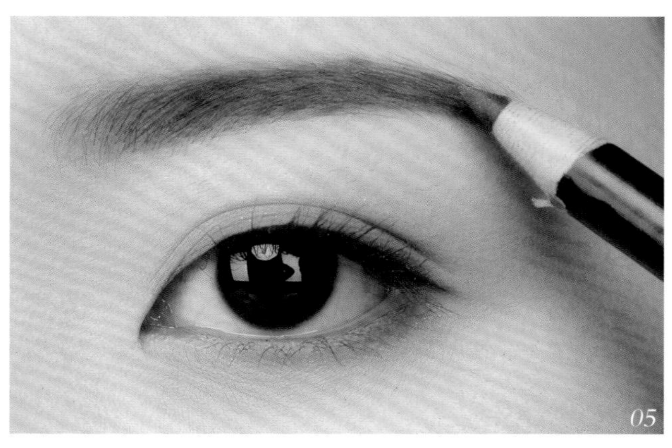
05

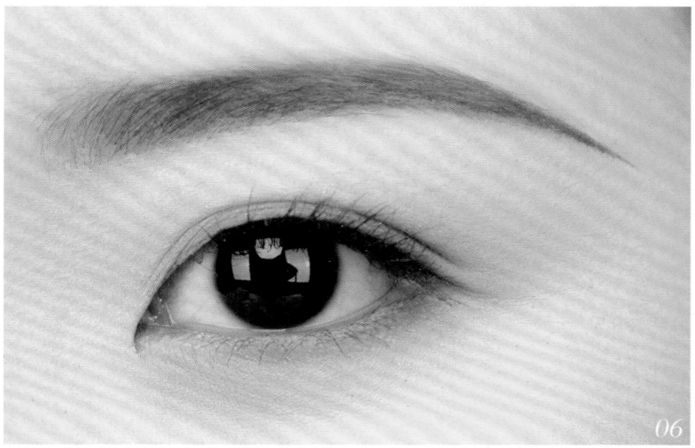
06

05 用黑色眉笔一根一根描画线条，注意上虚下实，以体现出层次感。

06 眉形描画完成，用螺旋刷梳理眉毛，使眉毛的颜色更加柔和。

第二章

古风发髻制作

【8字结】
【坠马髻】
【朝天髻】
【高髻】
【元宝髻】
【单刀髻】
【鱼尾髻】
【螺旋髻】
【偏梳髻】

【拔从髻】
【两把头】
【架子头】
【扇髻】
【尖发髻】
【椭圆髻】
【半圆髻】
【圆髻】
【飞髻】

· 8字结 ·

很多影视造型（如清朝格格造型、未出阁的小姐造型）都会用到这款发髻。这款发髻的制作比较简单，但要注意左右对称。

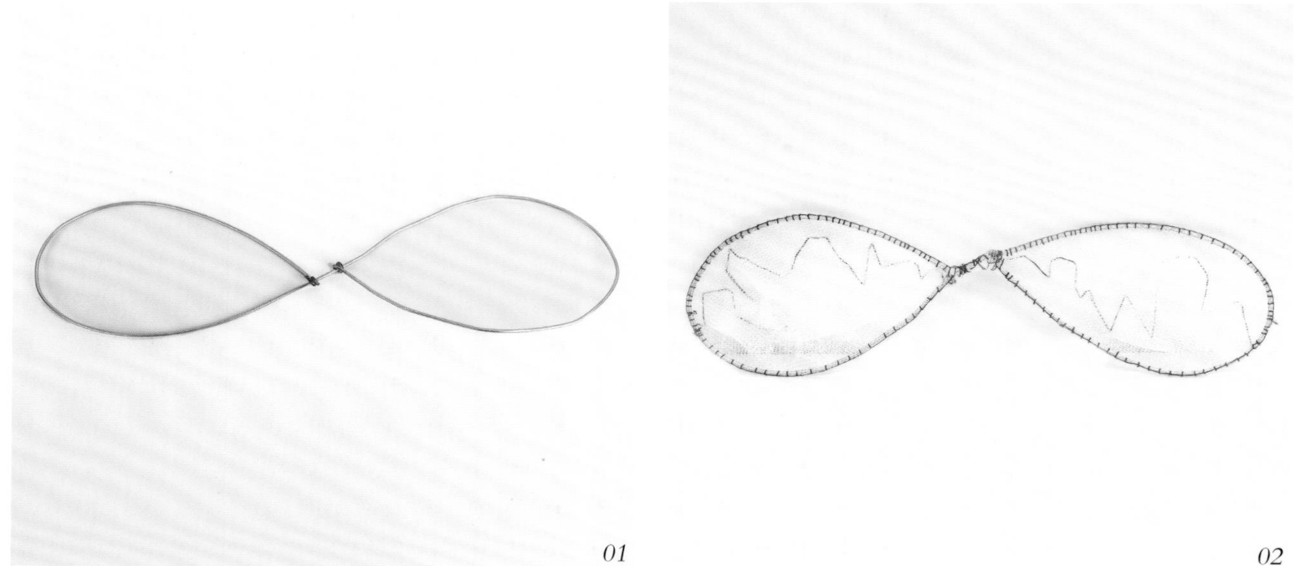

01　02

01 将铁丝两头向中间拧成8字形，打结固定。注意拧成的两个圈大小一样，铁丝两头不是固定在一个点的，之间有一小段距离。

02 用剪刀将纱窗网剪成合适的形状，用黑线将其和铁丝框架缝合在一起。

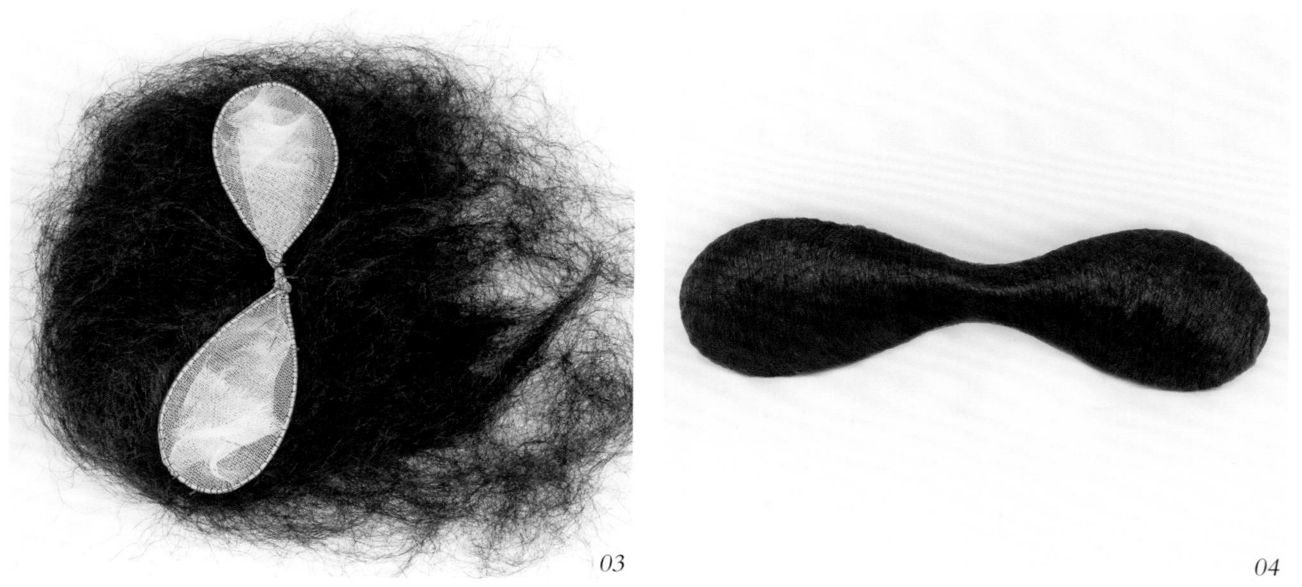

03　04

03 将做好的框架置于蓬松的曲曲发上。

04 用曲曲发将框架裹好，然后用细发网套住，以保护造型。

· 坠马髻 ·

坠马髻是古代女子发髻的一种，从汉代沿用下来。虽然不同的朝代会有一些细微的变化，但偏侧和倒垂的形态始终未变。唐代有人据蔷薇花低垂拂地的形态作坠马髻。

01

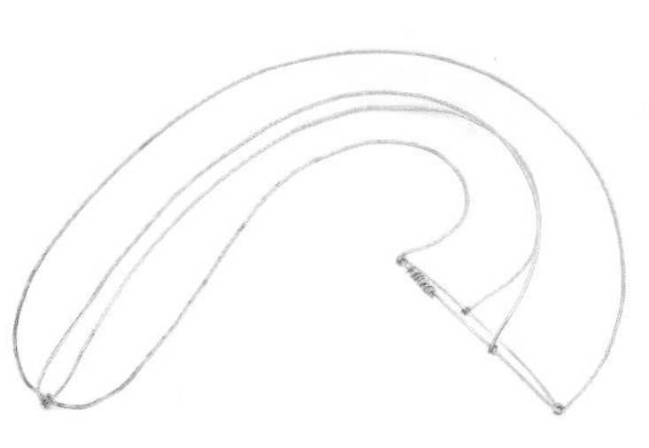
02

01 制作一个铁丝圈，作为发髻的底座。

02 以铁丝圈为基础，用两根长铁丝做成图中所示的形状，注意立体感的呈现。

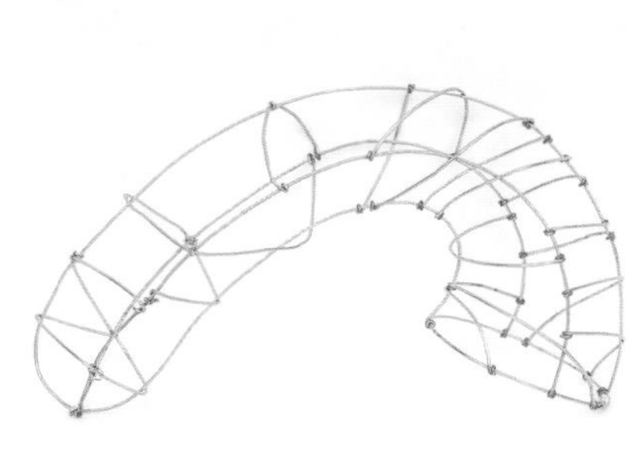
03

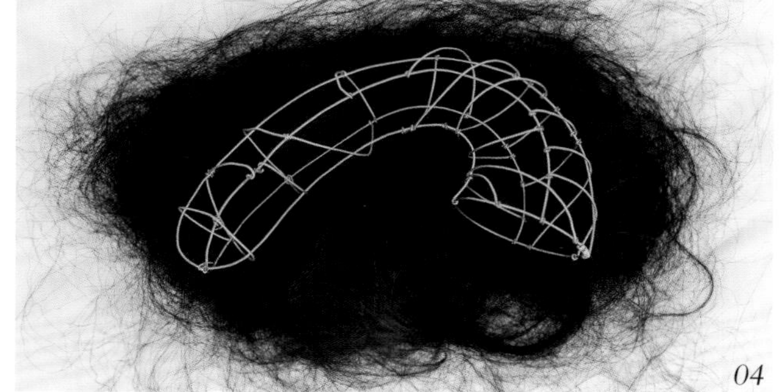
04

03 在搭建好的框架上继续用铁丝缠绕固定。这样才比较稳固，不易变形。

04 将铁丝框架置于蓬松的曲曲发上。

05

06

05 用曲曲发将框架裹好，用顺直的假发再次包裹，注意发丝的走向，要表现出纹理感。

06 套上细发网，并用针线沿底部缝好。

· 朝天髻 ·

朝天髻是古代妇女的发式，属于高髻样式之一，流行于五代十国时期。

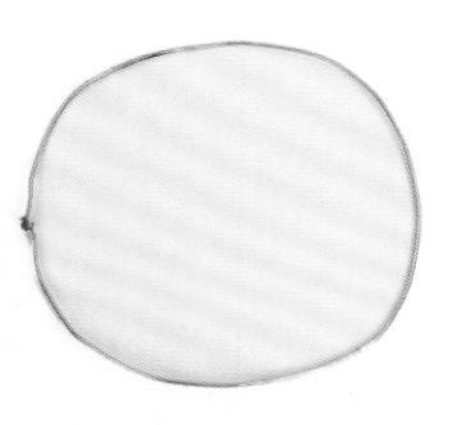
01

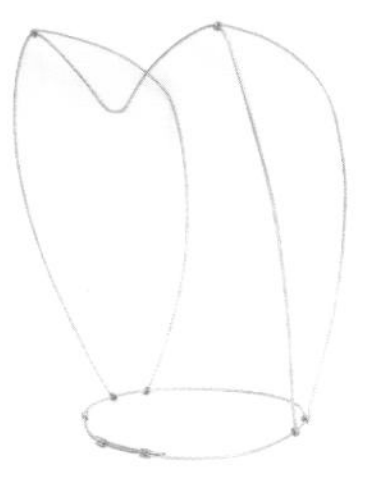
02

03

01 用铁丝制作一个圆形，作为发髻的底座，注意圆形底座要做得稍微大一些。

02 在圆形底座上用铁丝按照图中所示的结构搭建框架。

03 继续完善发髻的框架，注意铁丝的弧度。

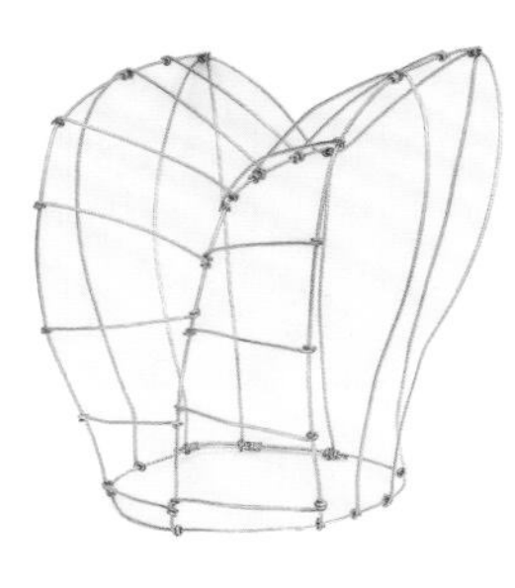

04

05

04 在做好的框架上用不同长度的铁丝横向固定。要多搭建几根铁丝，以防止变形。

05 在搭建的框架上缝上纱窗网，注意饱满度。然后将其置于蓬松的曲曲发上。

06

07

06 用曲曲发将框架裹好，然后在表面包上一层顺直的假发，再用一根三股辫勒紧中间部分。

07 套上细发网，在发髻底部用针线缝紧。

·高髻·

高髻是唐代极为流行的一种发式，而且样式较多。下面介绍一种典型的高髻。制作时要注意对高度和饱满度的把握。

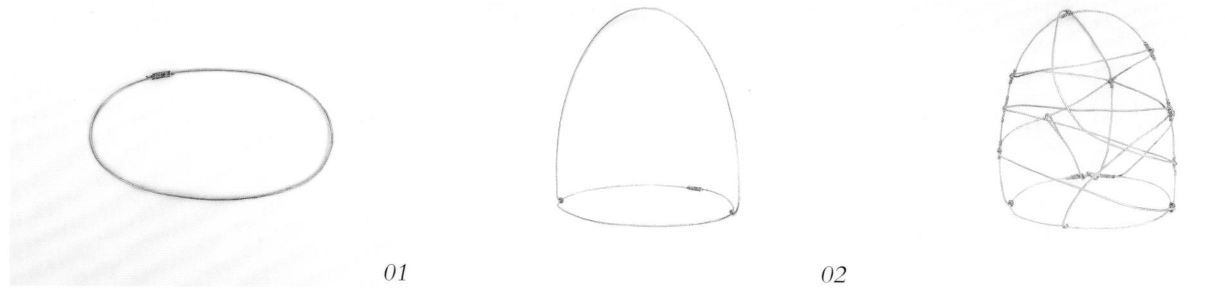

01　　02　　03

01 用铁丝制作一个圆形，作为发髻的底座，圆形底座要做得稍微大一些。

02 将一根铁丝在圆形底座上固定，制作成图中所示的形状，注意铁丝的弧度。

03 在搭建的基础框架上用铁丝缠绕固定，注意整个框架的立体感。

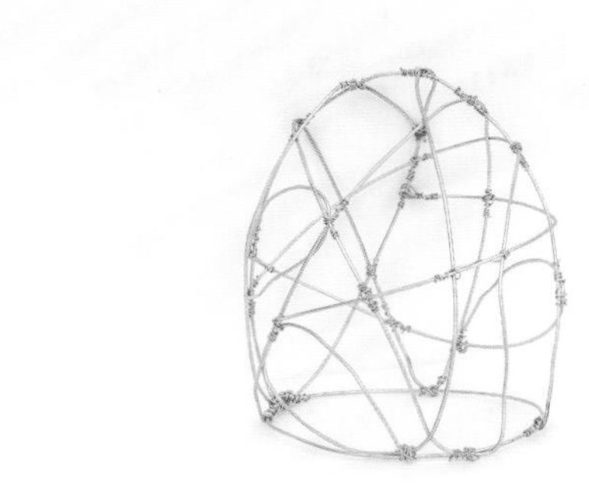

04

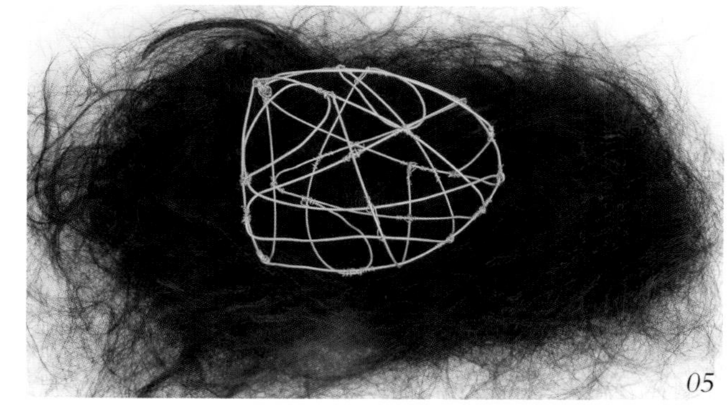

05

04 继续用铁丝缠绕固定，铁丝之间的空隙不要太大，每一根铁丝的衔接点都要固定好。

05 准备好立体铁丝框架和曲曲发。

06

07

06 用曲曲发均匀地包裹住立体铁丝框架，在框架外部套上一层细发网，从上到下把网拉紧，将多余的头发塞到框架内部。用顺直的毛发再次包裹发髻外部，注意发丝的走向。

07 将发尾整理好，套上细发网。

· 元宝髻 ·

元宝髻常被用于唐代宫廷贵妃造型，配以精美的头饰能彰显其高贵的身份。制作时需注意，发髻是左右对称的，且高度要合适，包裹顺直的假发时要注意，应先包中间再包两侧。

01 02 03

01 用铁丝制作发髻的圆形底座。

02 在圆形底座上用铁丝搭建出图中所示的形状。

03 在基础框架上继续用铁丝如图所示固定好，注意左右结构对称。

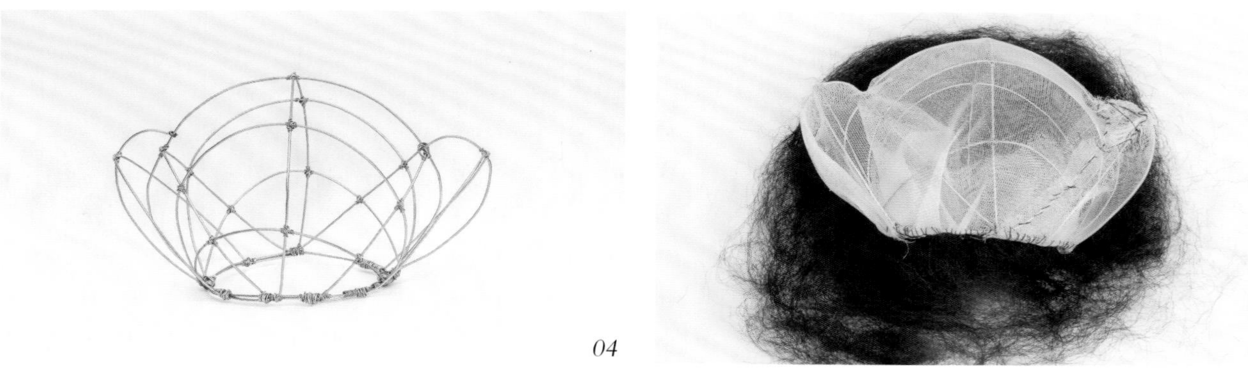

04 05

04 用长度不同的铁丝对搭建的框架进行加固，使框架更加牢固、稳定。

05 给框架缝上纱窗网，然后将其置于蓬松的曲曲发上。

06 07

06 用曲曲发将框架裹好，再在表面包上顺直的假发，注意先包中间再包两侧。

07 套上细发网，并沿着发包底部用针线固定一圈，喷发胶定型。

· 单刀髻 ·

单刀髻是唐代盛行的一种女子发式，发髻向一侧弯曲，整体像一把弯刀。这种发髻能凸显女子高贵而不失温婉的美。在现存的各种出土陶俑、陵墓壁画中经常可以看到贵族女子梳此发髻。制作时注意，包裹框架的发量不可过多。

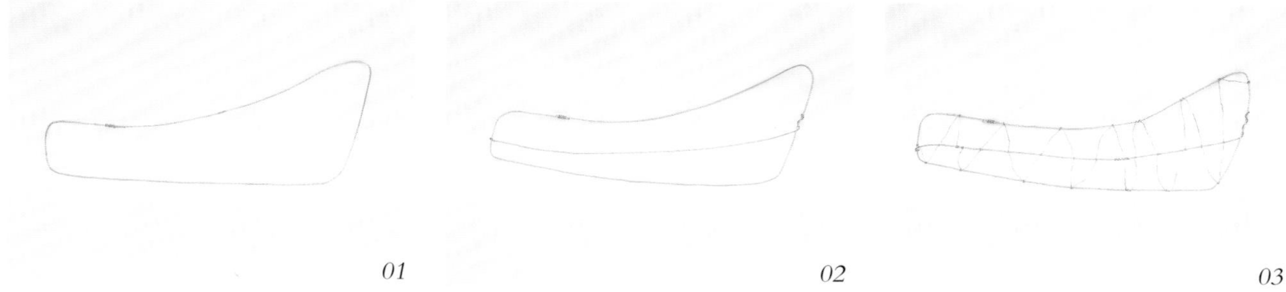

01 02 03

01 将铁丝做成图中所示的框架。

02 在基础框架中间加一根铁丝，用以固定。

03 用细铁丝在基础框架上缠绕成型。

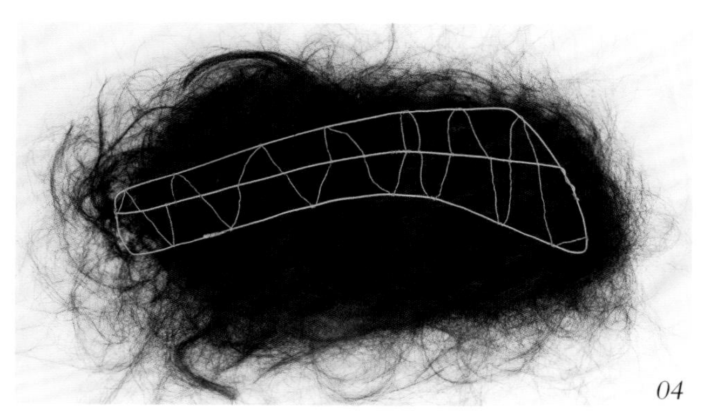

04

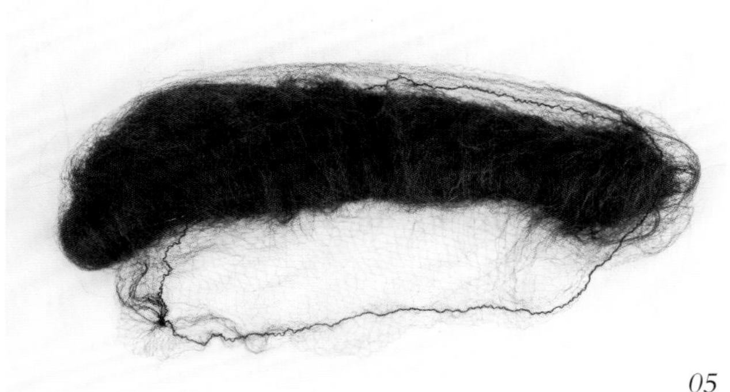

05

04 准备好框架和曲曲发。

05 用蓬松的曲曲发包裹框架，套上细发网，以收拢碎发。

06

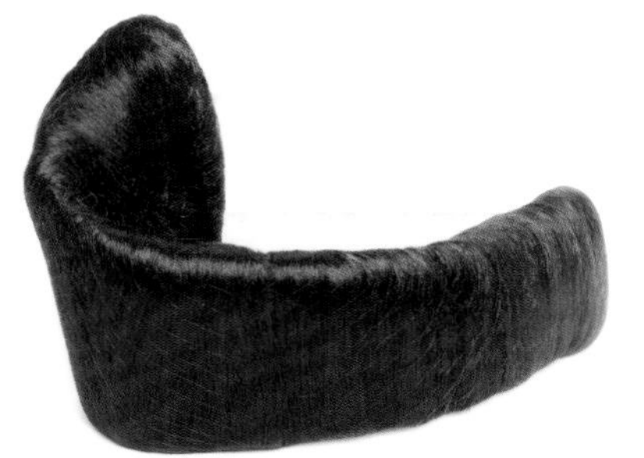

07

06 套紧细发网并用顺直的假发再次包裹发髻，注意发丝的走向。

07 将发髻弯成弯刀样式。

· 鱼尾髻 ·

鱼尾髻一般用于汉代舞女造型。制作时需要注意，发髻的形态像鱼尾，不可做得太高，但要适当加宽。

01

02

01 用铁丝制作一个圆圈作为发髻的底座。

02 用铁丝在圆形底座上制作图中所示形状的基础框架，注意立体感。

03

04

03 用长短不同的铁丝在基础框架上如图所示固定好。在这个过程中，要仔细调整形状，使框架更加牢固。

04 将纱窗网剪成合适的形状，包裹住铁丝框架，然后用黑色棉线将框架缝紧固定。准备好框架和曲曲发。

05

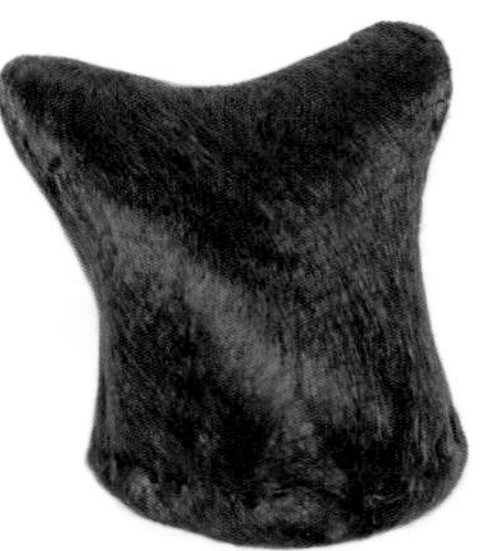

06

05 用曲曲发裹紧框架，然后用顺直的假发再次包裹发髻，注意要体现出发丝的走向。

06 套上细发网，并且沿着发髻底座用针线缝好，鱼尾髻制作完成。为了使发髻造型持久，可以喷一层定型胶。

· 螺旋髻 ·

螺旋髻是唐代妇女发式之一，形似螺壳。制作时应先将发髻做成长条状，再扭转成螺旋造型。

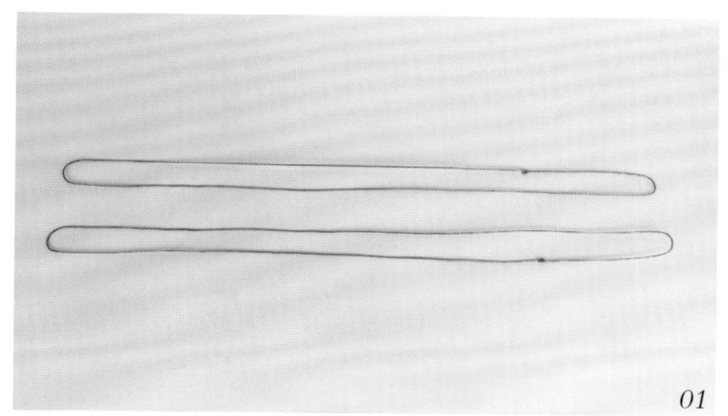
01

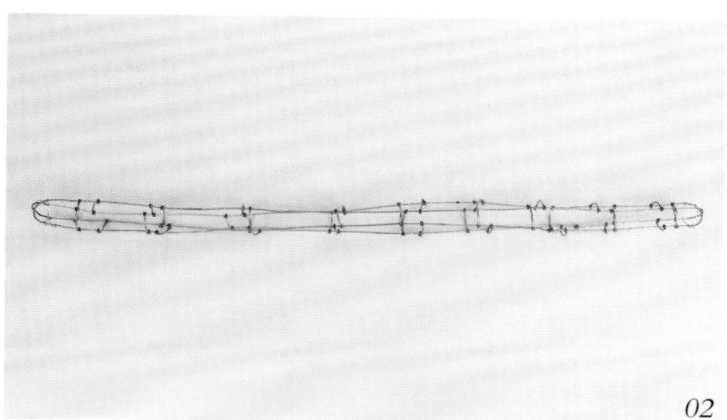
02

01 用铁丝制作两个长条形的框，其中一个稍小一些。

02 用铁丝将两个长条框交叉固定在一起，形成一个立体的基础框架。

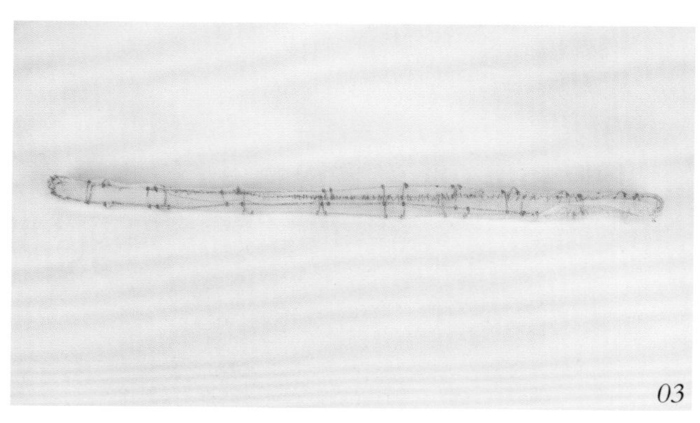
03

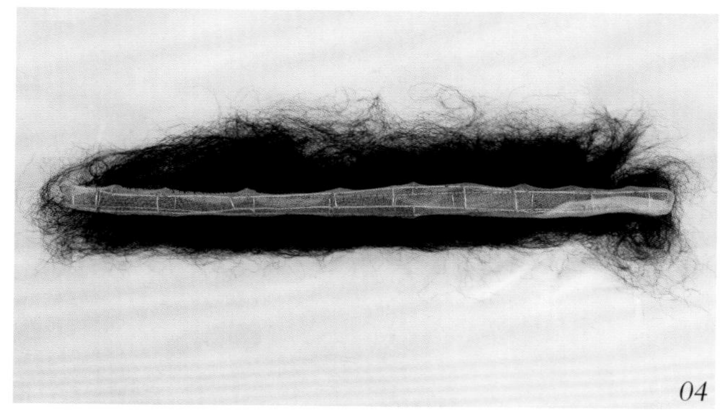
04

03 用纱窗网包裹住基础框架，并用棉线缝紧。

04 准备好基础框架和曲曲发。

05

06

05 用曲曲发将基础框架裹好，再用顺直的假发在外面包裹一层，注意发丝的纹理走向。

06 套上细发网，将长条发髻拧成螺旋的形状。

· 偏梳髻 ·

偏梳髻常用于隋唐时期的造型，适合搭配华丽的金饰。制作时需注意弧度的处理。佩戴时，发髻的底部要刚好到后颈的位置。

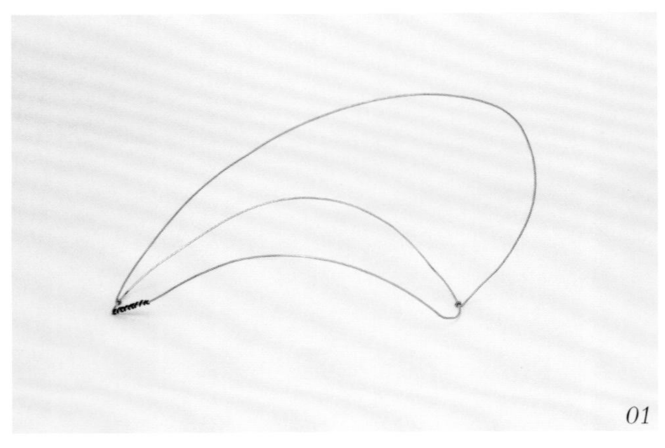

01

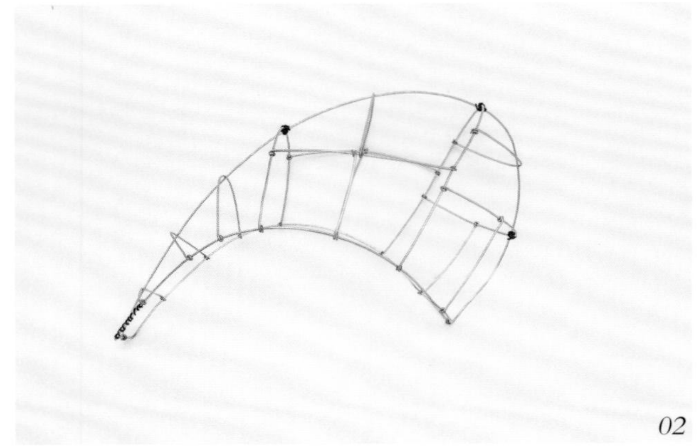

02

01 用铁丝制作如图所示形状的基础框架，注意要制作得大一些。

02 用铁丝在基础框架上缠绕固定。这样搭建出来的框架才比较稳固，不易变形。

03

04

03 用纱窗网包裹框架并用棉线缝紧，然后准备好曲曲发。

04 用曲曲发将框架裹好，再用顺直的假发包裹一层，注意发丝的走向。

05 套上细发网。

· 拔从髻 ·

拔从髻常用于隋唐时期的人物造型。拔从髻的形状像一个葫芦。制作时要注意，用铁丝搭建出形状。包裹顺直的假发时一定要包紧实。

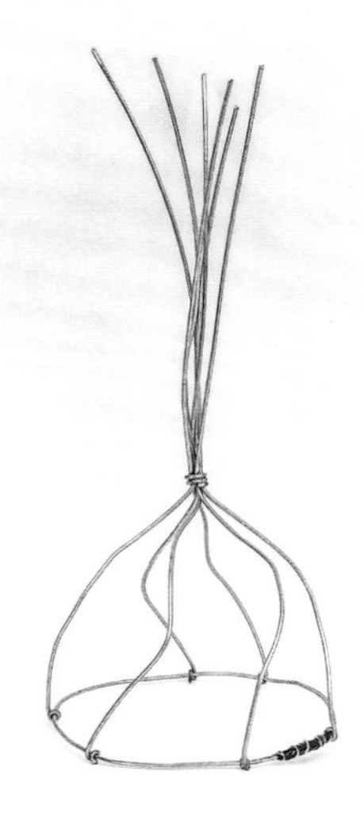

01

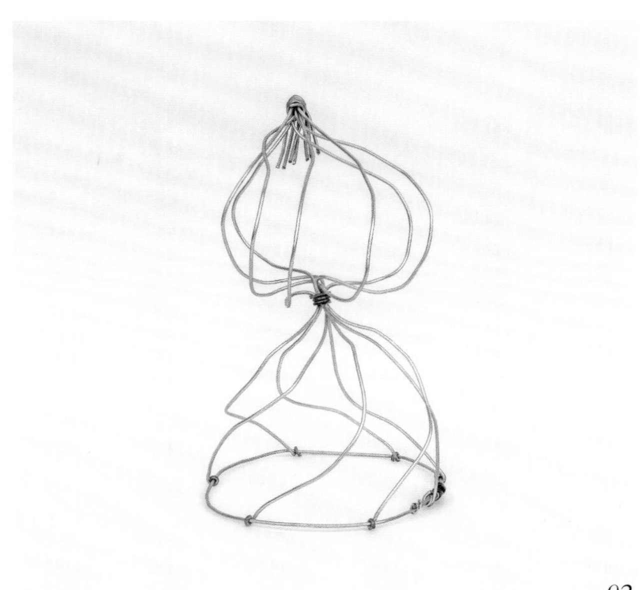

02

01 用铁丝制作圆形底座。然后在底座上固定六根铁丝，并做出下半部分的框架。

02 做出上半部分的框架，整体形状类似葫芦。

03

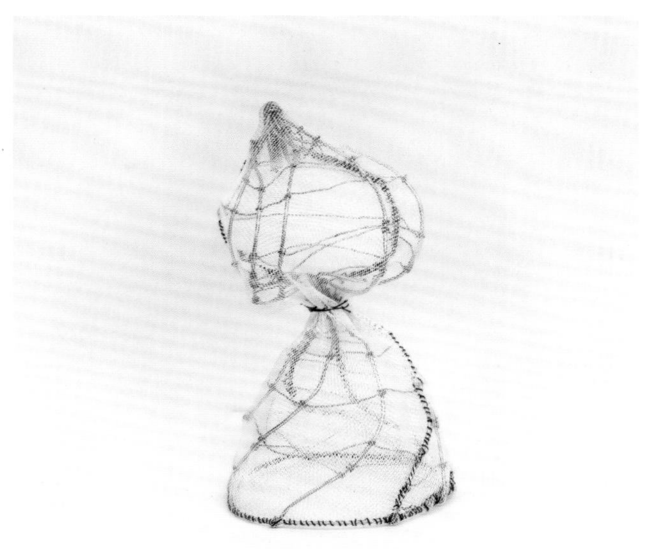

04

03 用细铁丝在框架上缠绕固定，使其更加牢固，不易变形。

04 用纱窗网包裹框架，并用棉线缝紧。

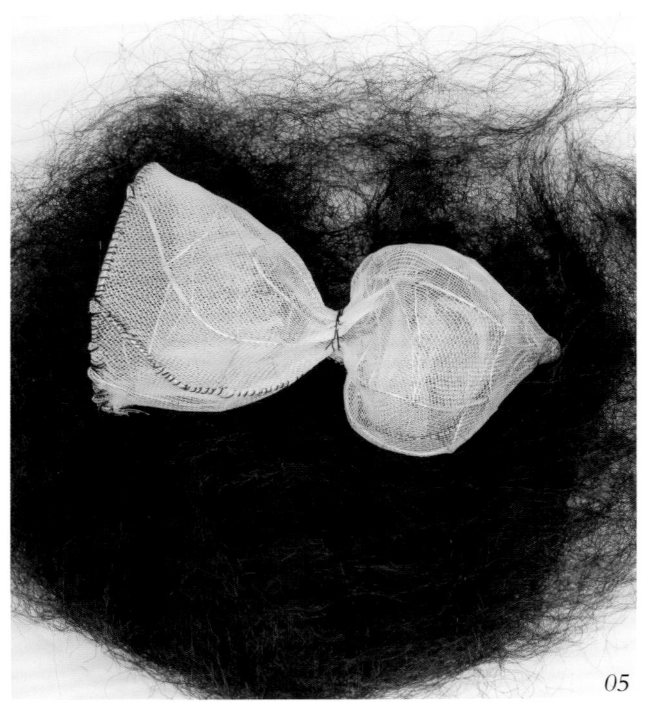
05

06

05 准备好框架和曲曲发。

06 用曲曲发将框架裹好，套上细发网，用棉线缝紧。

07

08

07 在发髻表面再包裹一层顺直的假发。

08 在发髻的腰部缠一圈棉线，套上细发网，用针线缝紧。

· 两把头 ·

两把头常在清代初期人物造型中使用。这款发髻可以使女子更显文雅、端庄。制作时需注意左右对称。包裹顺直的假发时注意要包裹均匀，不要包得太厚。

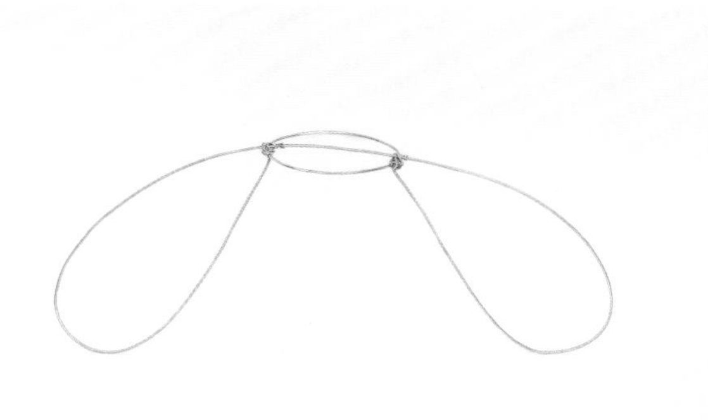

01

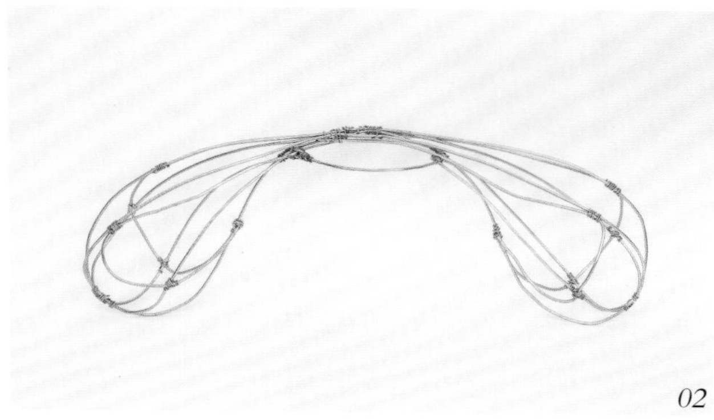

02

01 用铁丝制作一个圆形底座，然后用一根铁丝在圆形底座的基础上制作出图中所示的框架。注意，圆形底座可以做得小一些。

02 在基础框架上用铁丝缠绕加固，做成立体的框架。

03

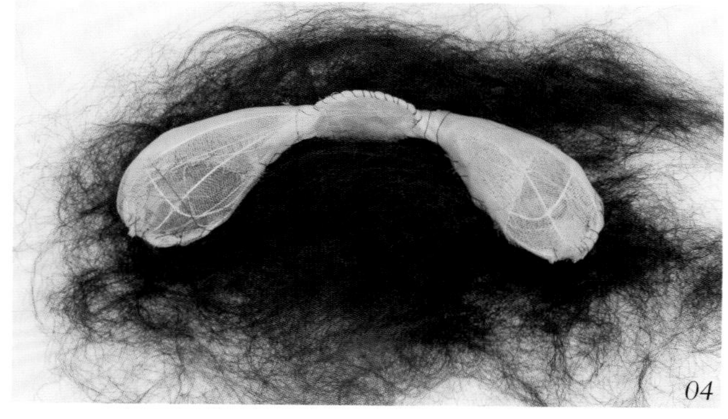

04

03 用纱窗网包裹住框架，并用棉线缝紧。

04 准备好框架和曲曲发。

05

06

05 用曲曲发包裹好框架，然后从中间向两边包裹一层顺直的假发。

06 套上细发网，并用针线将其缝紧。

·架子头·

架子头出现于清代道光年间。据说是道光的孝全皇后发明了六角形的发架，将两把头发展成“架子头”。制作这种发髻比制作两把头所用的框架更大，且需要用到更多的假发。架子头是清代权贵女子出席重要场合时经常采用的发式。

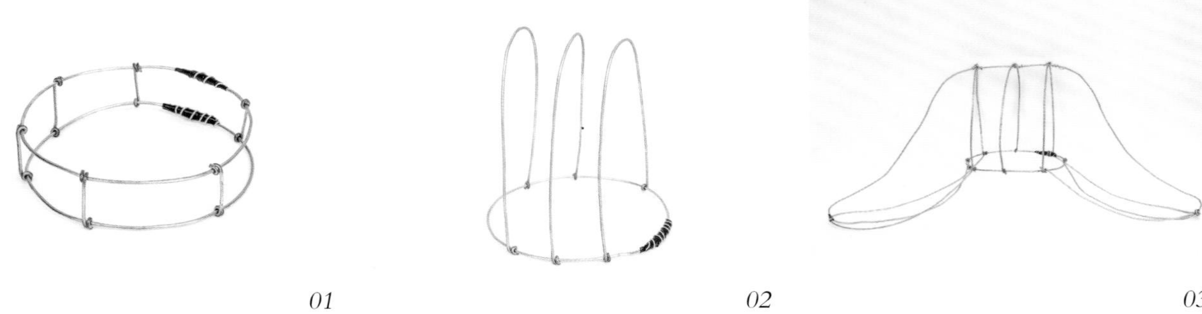

01　02　03

01 分别用铁丝做两个圆形，接头处可以用黑色胶带缠绕固定。然后用短铁丝将两个圆形连接成圆柱体框架。

02 用铁丝制作一个圆形，然后在圆形上固定三根铁丝，做成图中所示的框架。

03 在基础框架上固定铁丝，做出图中所示的形状，注意表现出立体感。

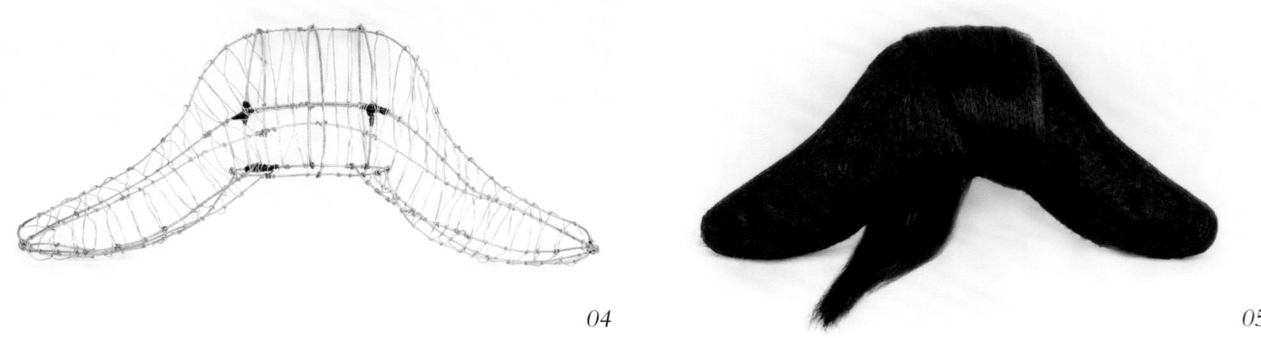

04　05

04 用细铁丝在基础框架上缠绕固定，使框架更加稳固，不易变形。

05 用蓬松的毛发包裹好步骤04做好的框架，然后在表面再包一层顺直的假发。

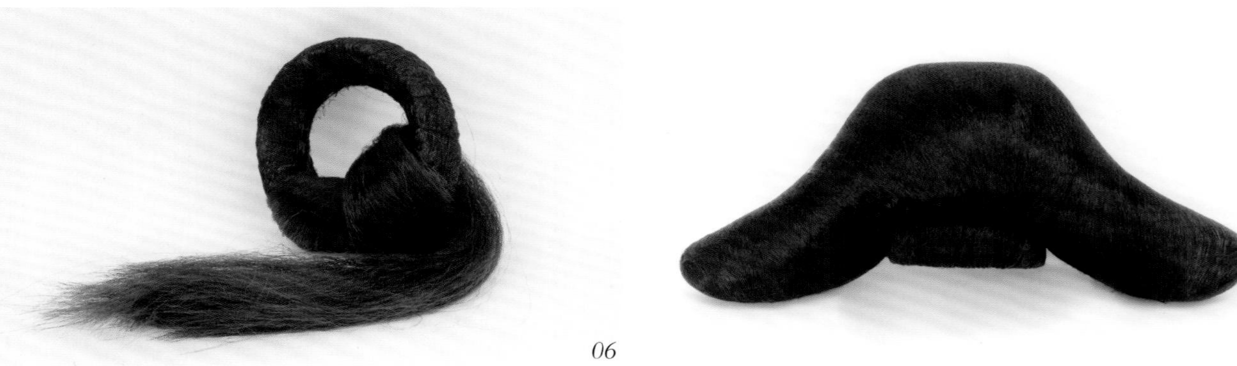

06　07

06 采用同样的方法将圆柱形框架包裹好。

07 将做好的两部分用棉线缝到一起，套上细发网。

· 扇髻 ·

扇髻常用于汉代女子造型。制作时要注意，扇髻的形状由宽至窄，整体不可过长。使用时需将其掰出一定的弧度。

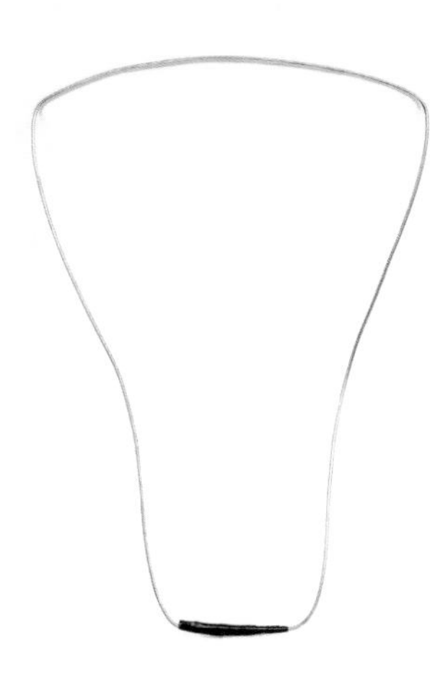

01

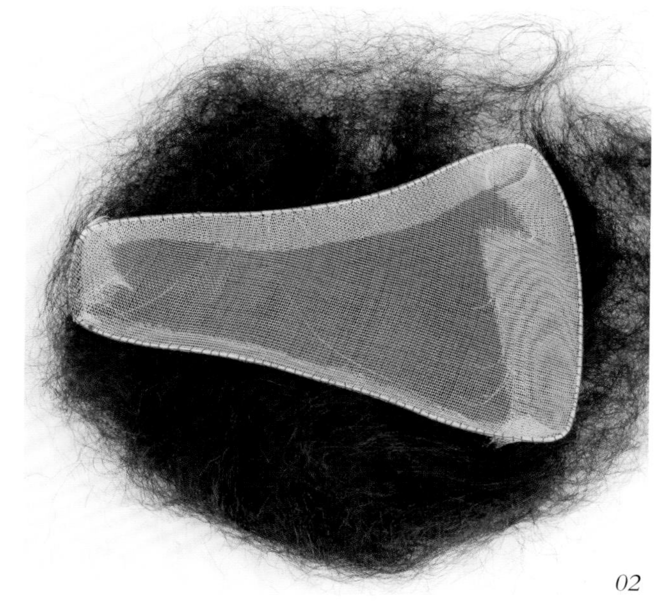

02

01 用铁丝制作一个图中所示的类似扇子形状的框架。

02 在制作的框架上缝上纱窗网，然后准备好蓬松的曲曲发。

03

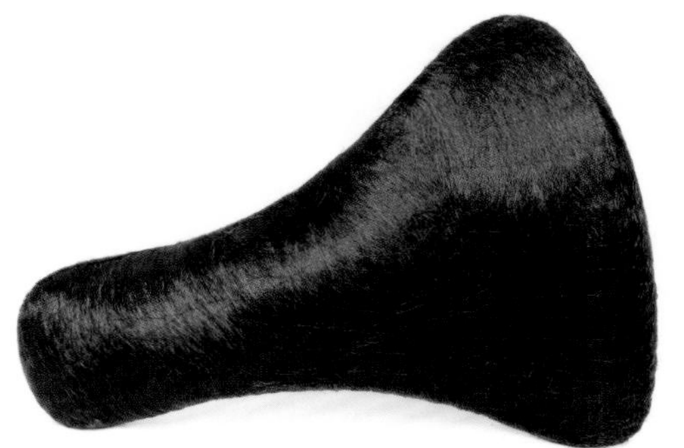

04

03 用曲曲发将框架裹紧，再用顺直的假发再包裹一层。

04 套上细发网，并用针线缝紧。

· 尖发髻 ·

梳尖发髻的女子会给人以小家碧玉的感觉，多用于汉代人物造型。制作时不可将发髻做得过大，顶部较尖。

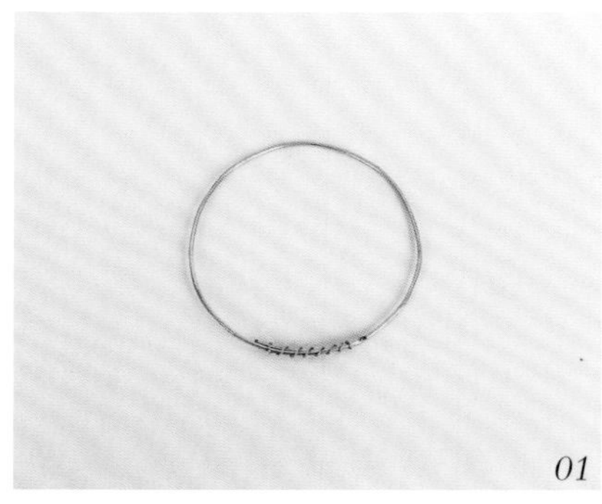
01

02

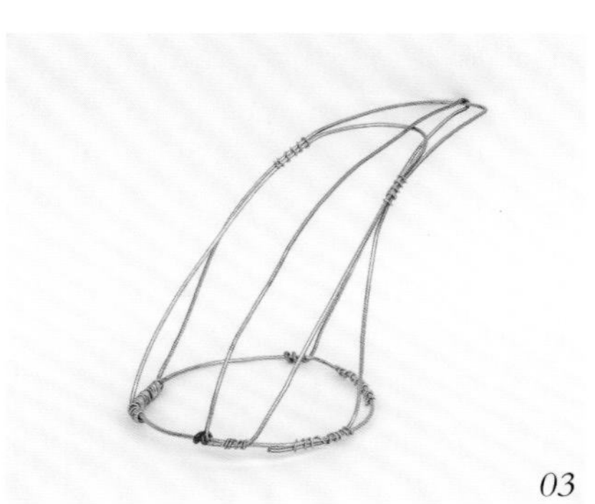
03

01 用铁丝制作圆形底座。

02 在圆形底座上固定一根铁丝，制成图中所示的形状。

03 再用几根铁丝进行固定，注意铁丝之间的衔接。

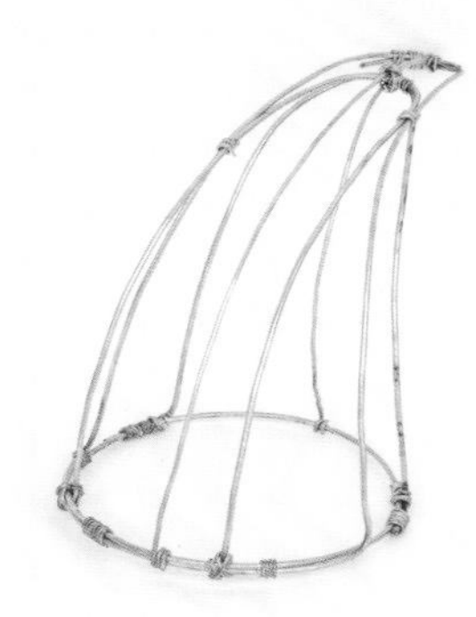
04

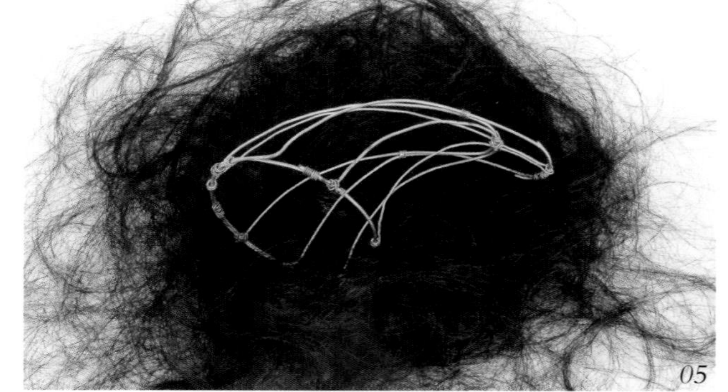
05

04 对框架再次进行调整、固定。

05 准备好框架和曲曲发。

06

07

06 用曲曲发将框架裹好，再用顺直的假发包裹一层，注意发丝的走向。

07 套上细发网，把余下的假发收到框架内部，并用针线将细发网缝紧。

· 椭圆髻 ·

椭圆髻可用于多种造型，可以放置在后脑勺处，也可正放或侧放在头顶的位置。发髻放置的位置不同，做出的人物造型也不一样。制作时要注意立体感的体现。

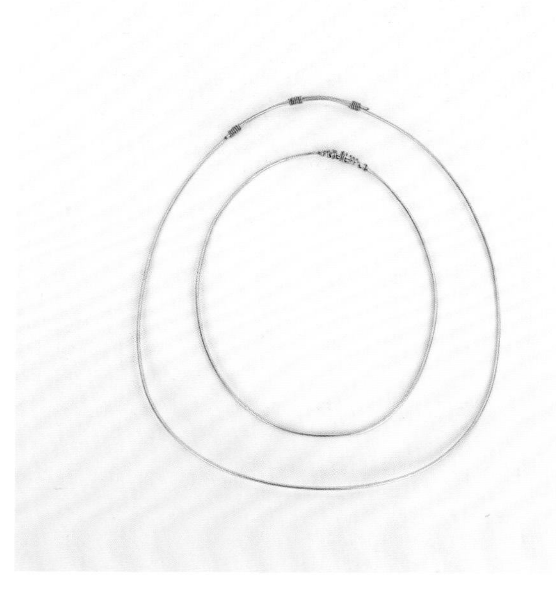

01

02

01 用铁丝制作一大一小两个椭圆形框架。

02 用五根铁丝将两个椭圆形框架如图所示固定在一起，形成一个立体的框架。

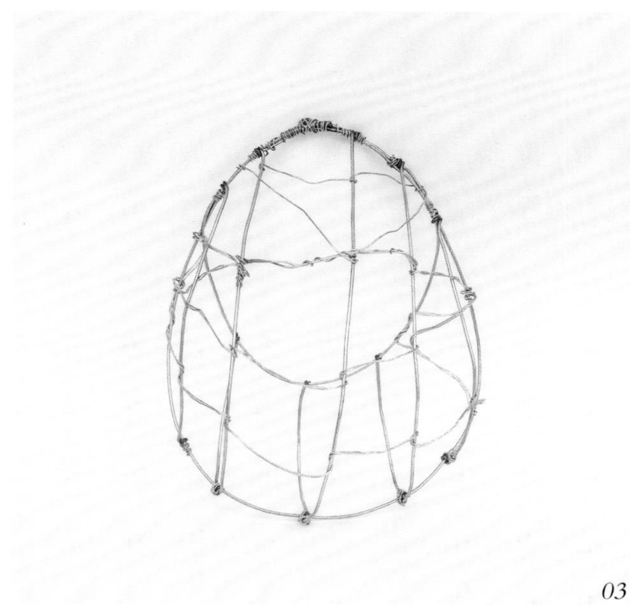

03

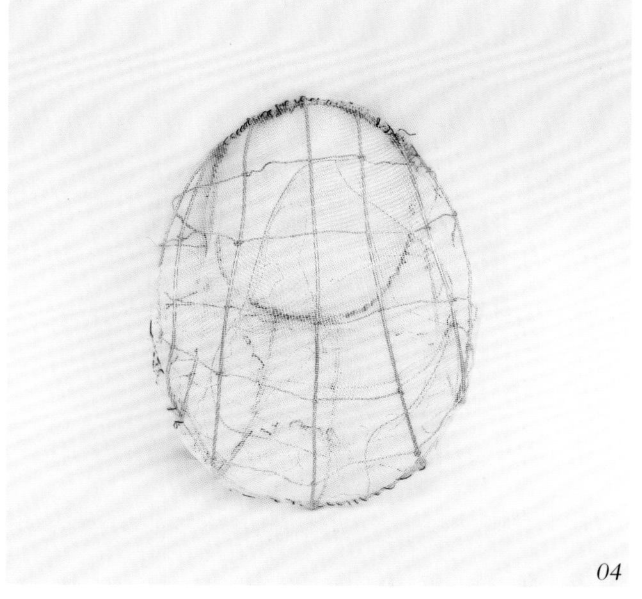

04

03 用细铁丝缠绕固定立体框架。

04 用纱窗网包裹框架，并用棉线缝紧。

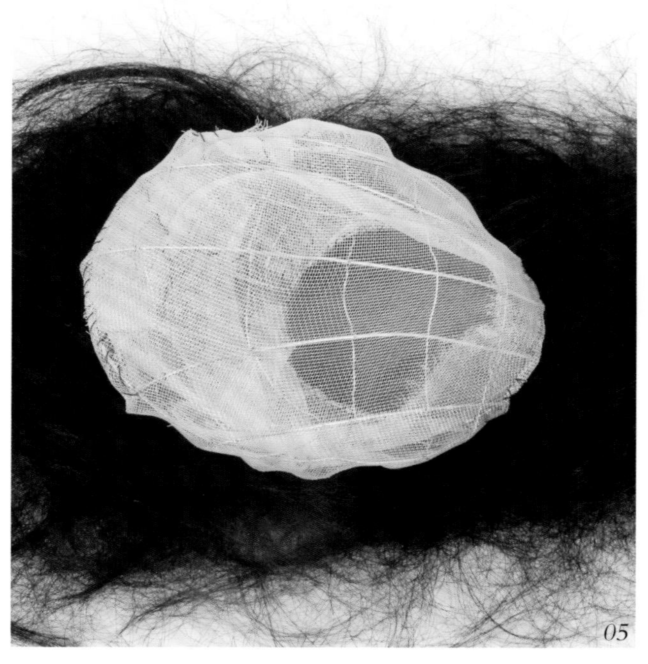

05

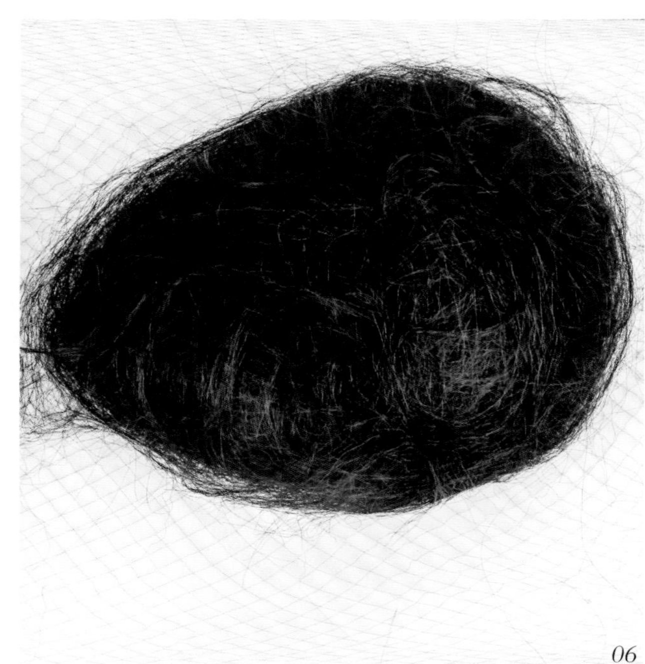

06

05 准备好框架和蓬松的曲曲发。

06 用曲曲发裹紧框架并套上细发网。

07

08

07 用顺直的假发在表面再包裹一层，注意发丝的走向。

08 套上细发网，把剩余的假发收到框架内部，然后用针线将细发网缝紧。

· 半圆髻 ·

半圆髻可用于唐代和宋代的人物造型。此款发髻的制作方法非常简单，需要注意弧度不要过高。

01

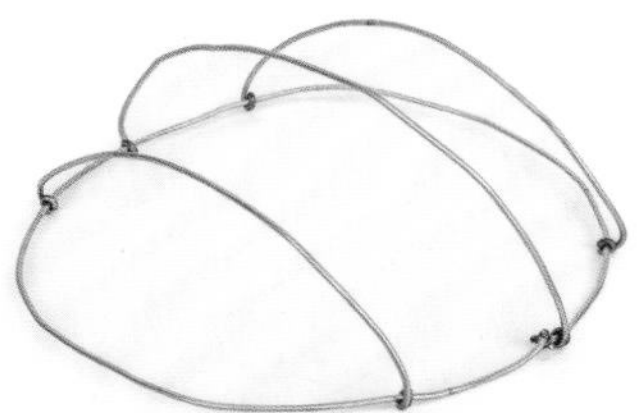
02

01 用铁丝制作圆形底座。

02 在圆形底座上固定三根铁丝，注意铁丝的弧度。

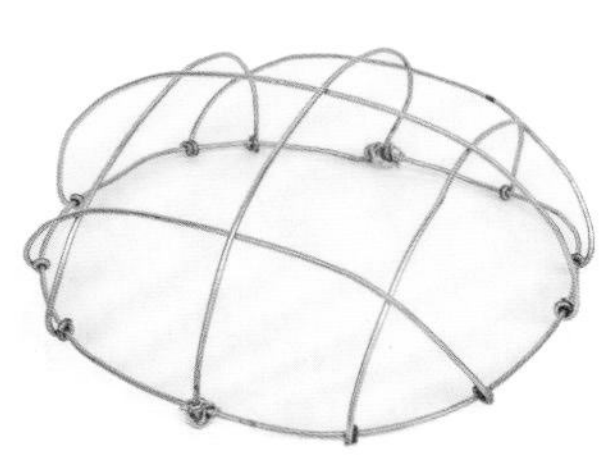
03

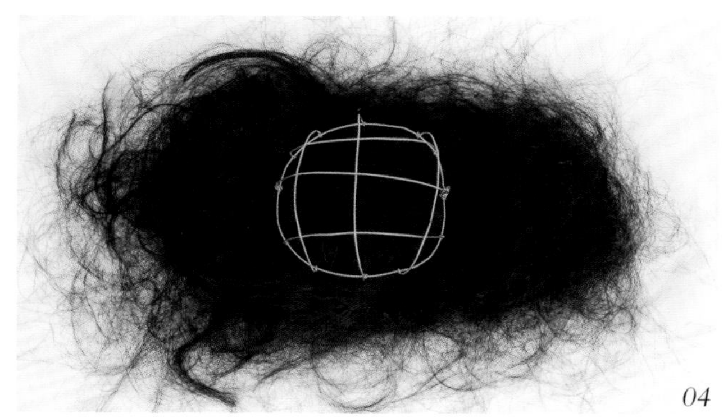
04

03 再交叉固定三根铁丝。这样搭建出来的框架比较稳固，不易变形。

04 准备好框架和曲曲发。

05

06

05 用曲曲发裹好框架，再用顺直的假发包裹一层，注意发丝的走向。

06 套上细发网，在底部将细发网用棉线缝紧。

· 圆髻 ·

圆髻比半圆髻高很多，可用于唐代、宋代和明代的造型中。

01

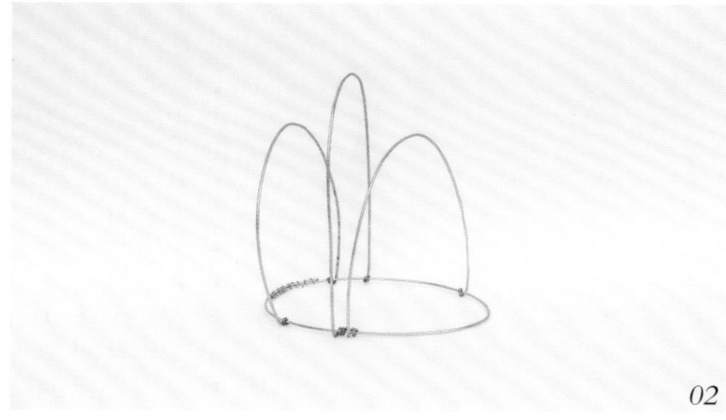
02

01 用铁丝制作圆形底座。

02 在圆形底座上固定三根铁丝，做成图中所示的形状。

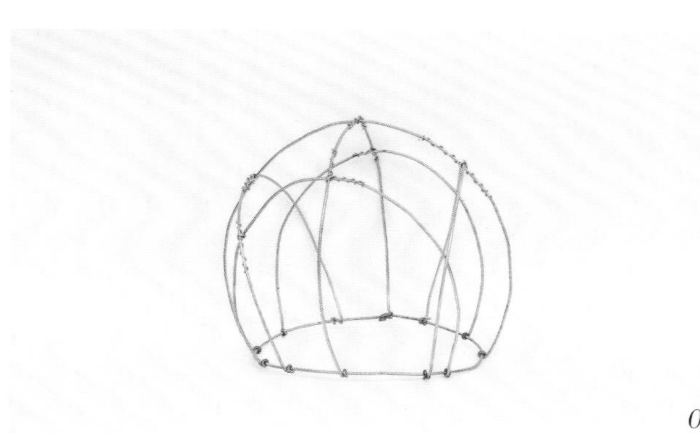
03

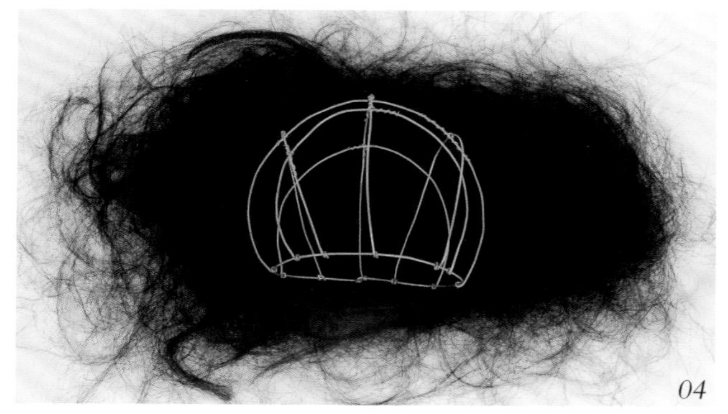
04

03 再交叉固定三根铁丝，做成基础框架。

04 准备好基础框架和蓬松的曲曲发。

05

06

05 用曲曲发裹好基础框架，再用顺直的假发包裹一层，注意体现出发丝的走向。

06 套上细发网，底部用棉线缝紧。

· 飞髻 ·

飞髻可用于隋唐时期的造型中。飞髻的形状如鸟翅。制作过程中注意，发髻的形状要饱满对称，包发时要分出层次。此发髻一般会置于后脑处，因此体积不可过大。

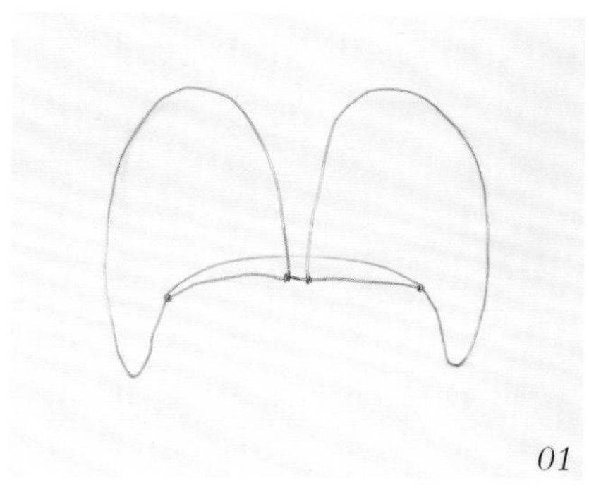
01

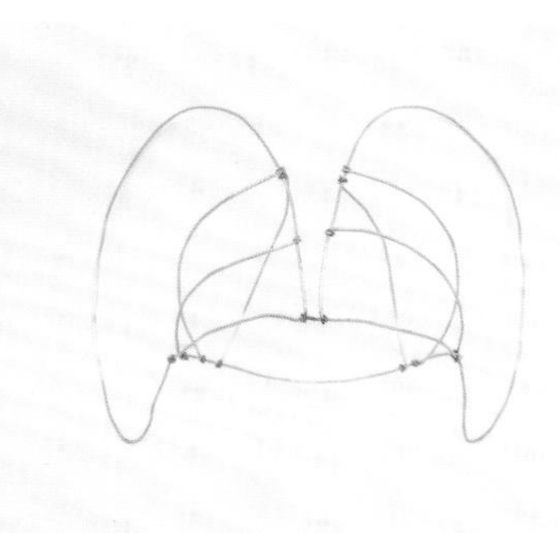
02

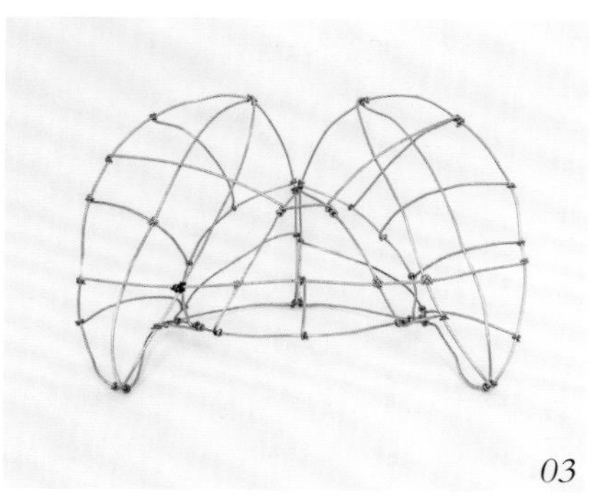
03

01 用铁丝制作出图中所示的形状，作为基础框架。

02 用长短不同的铁丝在基础框架上固定，做出图中所示的形状，注意左右对称。

03 继续用铁丝如图所示加固基础框架，使其更加牢固。

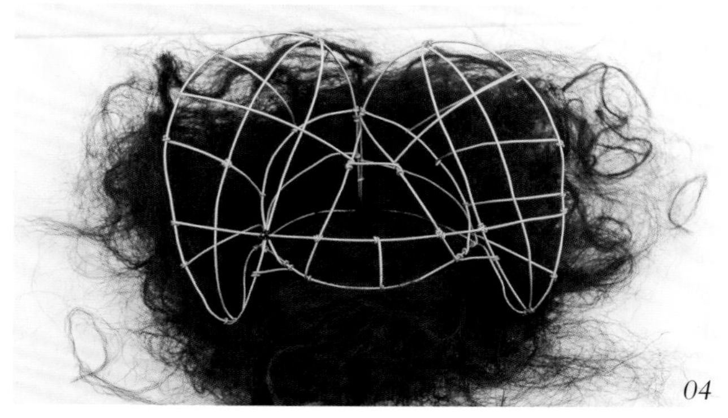
04

05

04 准备好框架和曲曲发。

05 用曲曲发裹好框架，再用顺直的假发包裹一层。注意应先将中间包好再包两侧，可以用一字卡辅助固定。

06

07

06 包裹一层细发网，底部用棉线缝紧。

07 侧面效果展示。

第三章

古风饰品制作

【米珠枫叶发钗制作】
【金玉花簪制作】
【仿象牙发簪制作】
【珥珰制作（一）】
【珥珰制作（二）】
【缠花发钗制作】

· 米珠枫叶发钗制作 ·

准备材料 ·

① 米珠和珍珠 ② 咖啡色皮绳 ③ U形发钗 ④ 直径为0.3mm的铜线 ⑤ 牙膏胶 ⑥ 圆嘴钳 ⑦ 剪刀

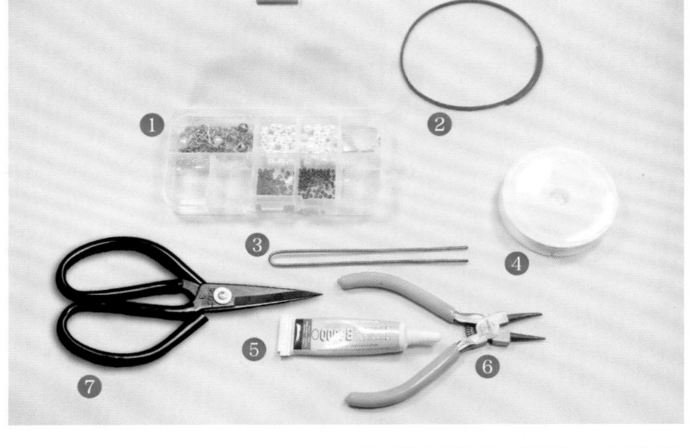

制作重点 ·

制作米珠枫叶发钗时，要注意叶子的形状和颜色的深浅搭配。这样才能体现出饰品的层次感和立体感。

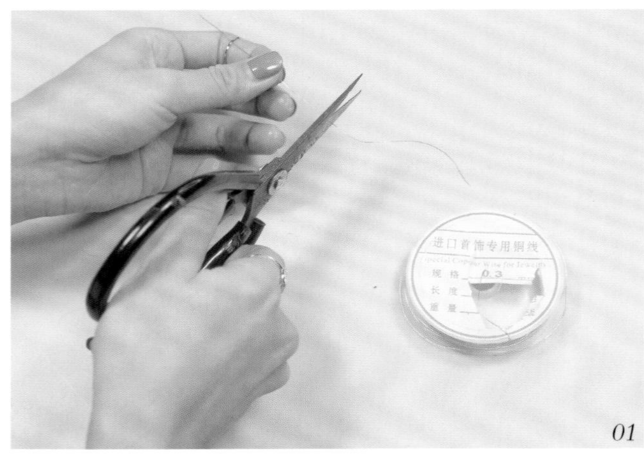

01

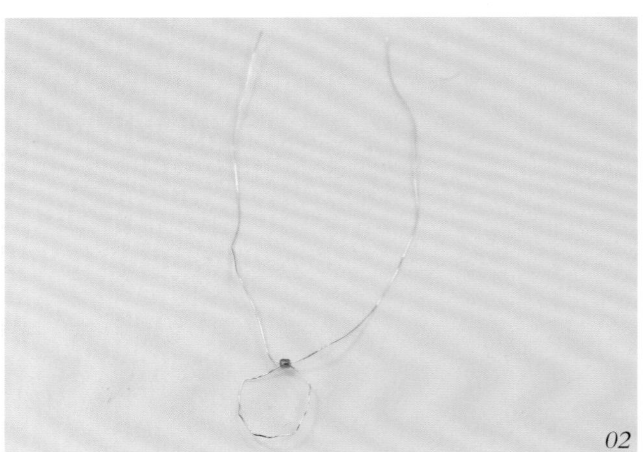

02

01 用剪刀将直径为0.3mm的铜线剪成均匀的几段。

02 取出一颗橘色米珠，将铜线左端从米珠的左边进右边出；同时将铜线的右端从米珠的右边进左边出；注意铜线交叉穿入米珠，不要打结。

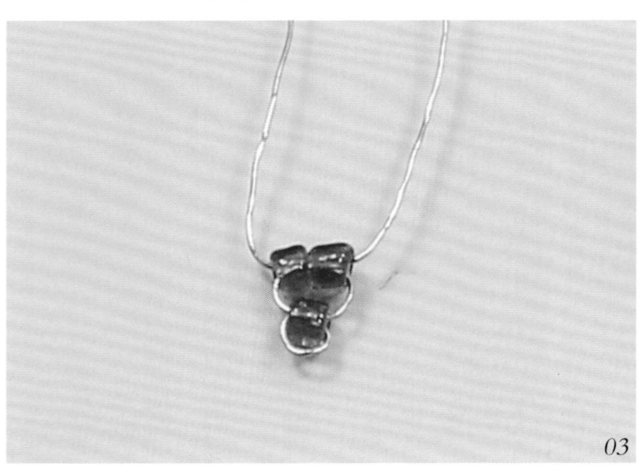

03

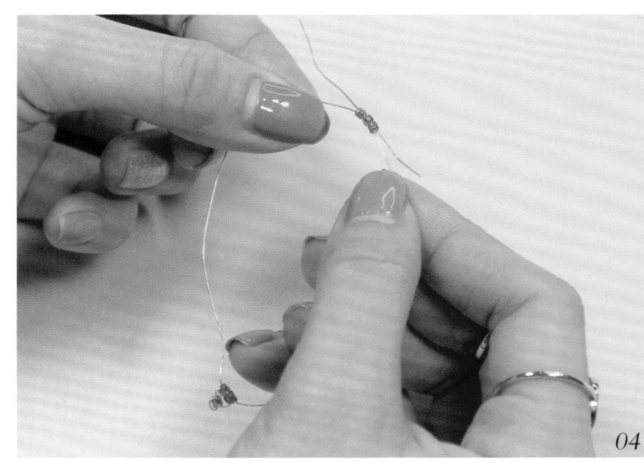

04

03 如图所示，用同样的手法再将铜线两端依次交叉穿入两颗米珠。

04 如图所示，用同样的手法将铜线两端依次交叉穿入三颗米珠。

05

06

05 如图所示，用同样的手法两端依次交叉穿入四颗米珠。

06 如图所示，用同样的手法以此类推，穿到七颗米珠。注意米珠穿得越多，叶子的形状就会越宽。

07

08

07 如图用同样的手法穿入六颗米珠。

08 以此类推，每排减少一颗，直至减少到只穿入一颗米珠。

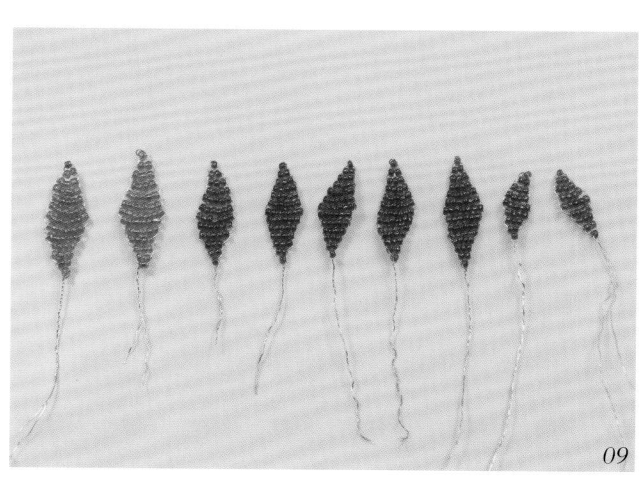

09

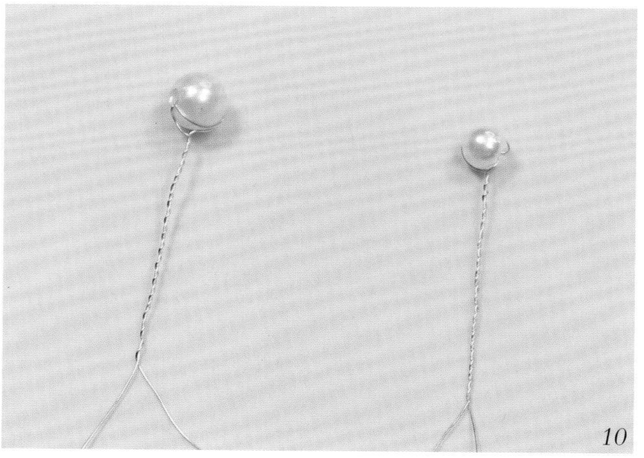

10

09 采用同样的方法穿入不同颜色和不同数量的米珠，制作出颜色深浅和大小不同的枫叶叶片。注意相同颜色和大小的叶片要分别制作五片。

10 用两根铜线分别穿入两颗珍珠，并且分别将两端的铜线拧紧固定，做成图中所示的造型。

⑪ 如图所示，将五片颜色相同的枫叶叶片的铜线拧成一股，制作成一片完整的枫叶。

⑫ 在枫叶中间加入步骤10做好的珍珠，如图所示拧紧铜线。

⑬ 将做好的枫叶固定在U形发钗上。

⑭ 采用同样的方法固定多个枫叶，注意枫叶发钗的大小和枫叶固定的位置。然后用咖啡色皮绳将发钗与枫叶衔接处缠绕包裹起来。

⑮ 如果感觉有空的地方，可用圆嘴钳取单颗珍珠，用牙膏胶将珍珠粘在枫叶上即可。

⑯ 如图所示调整细节，米珠枫叶发钗制作完成。

·金玉花簪制作·

准备材料·

① 软金属材料 ② 各种形状的树脂花 ③ 珍珠 ④ 发簪 ⑤ 直径为0.3mm的铜线

制作重点·

此款发簪的制作方法非常简单，可以选择多种材料制作。制作过程中需注意，粘胶处和铜线缠绕处不要裸露在外面。

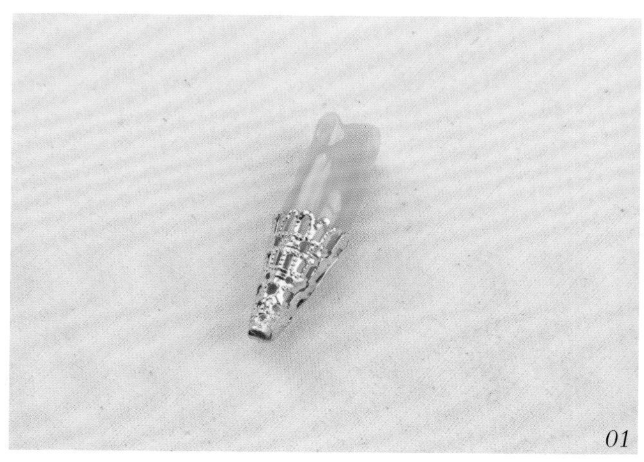

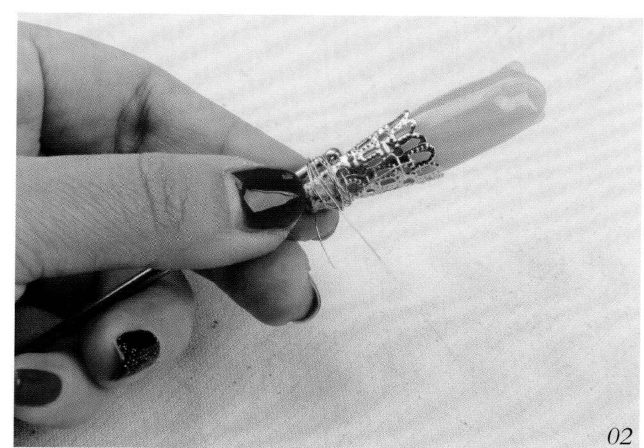

01 选取一个长花苞树脂花，用一片软金属材料片将其下半部分包裹住，作为花托。

02 用铜线将树脂花固定在发簪上。

03 再取一片不同形状的软金属片材料，用铜线将其固定在树脂花的花托上，以增强层次感。

04 取一个花枝形软金属材料，将其固定在花托上。

05

06

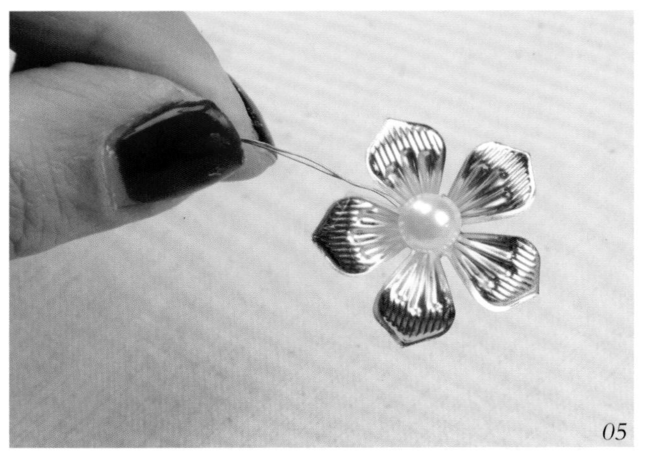

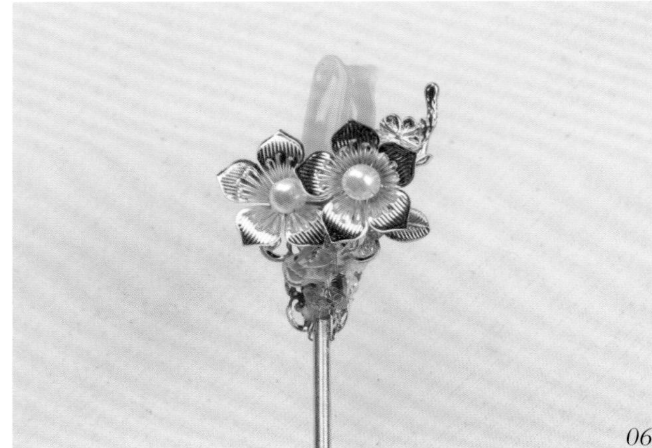

05 用铜线将珍珠穿入花形金属片中并固定。这种金色花朵要多做几个。

06 将做好的花依次固定在发簪上。

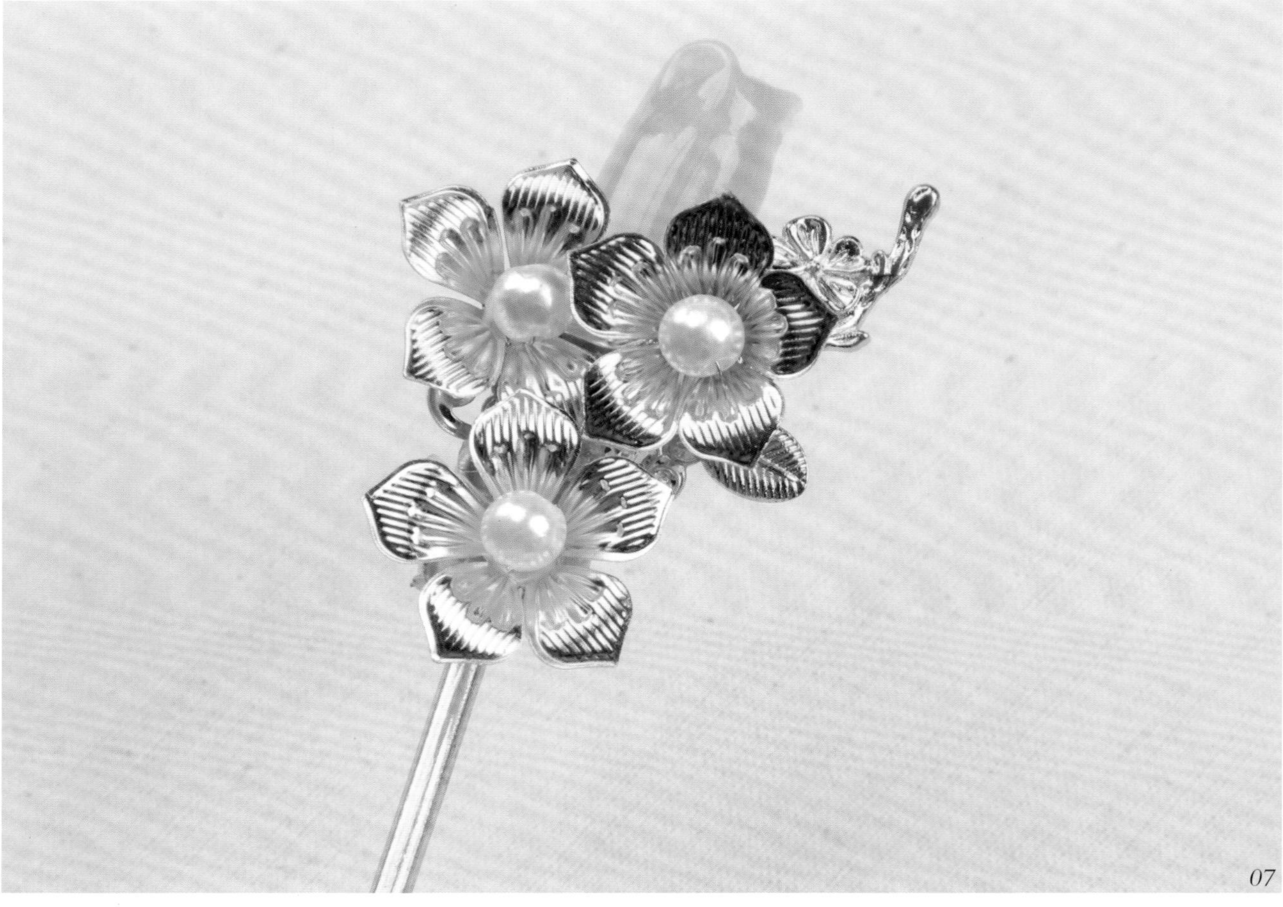
07

07 调整细节，金玉花簪制作完成。

· 仿象牙发簪制作 ·

准备材料

① 铅笔 ② 纸 ③ 针 ④ 离型剂 ⑤ 刻刀 ⑥ 硅胶 ⑦ 固化剂 ⑧ 翻模油泥 ⑨ 电子磅秤 ⑩ AB水（PU胶）

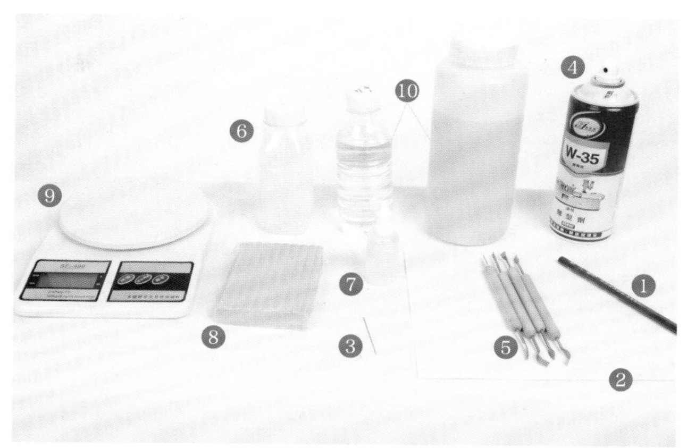

制作重点

制作前发簪形状的刻画要清晰，成品做出来后一定要打磨光滑才能体现出质感。

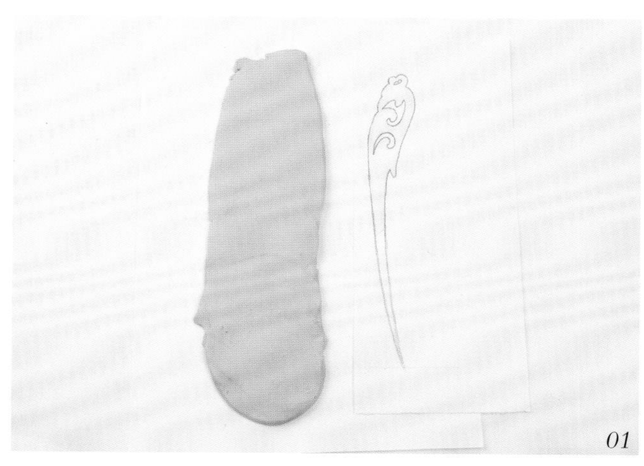
01

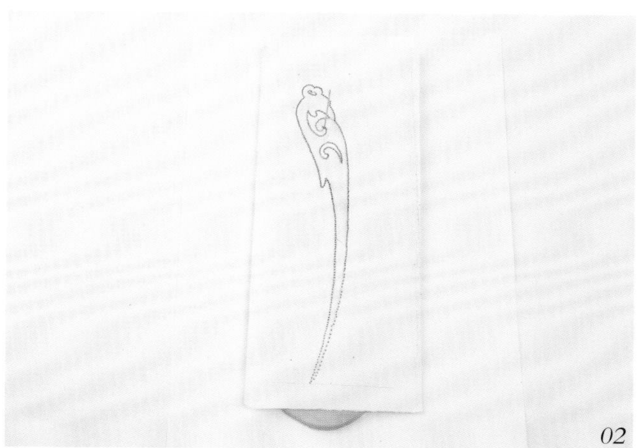
02

01 用铅笔在纸上画出簪子的形状。然后将翻模油泥压平，其厚度和长度根据簪子确定。

02 将画稿放在翻模油泥上。按照描画的簪子的形状，用针将翻模油泥扎透。

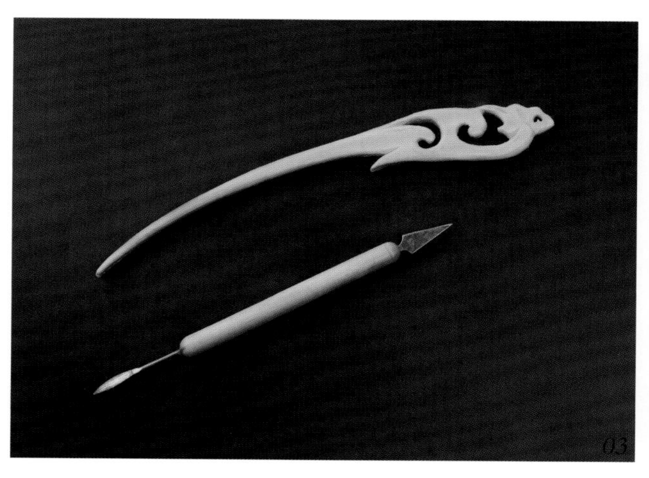
03

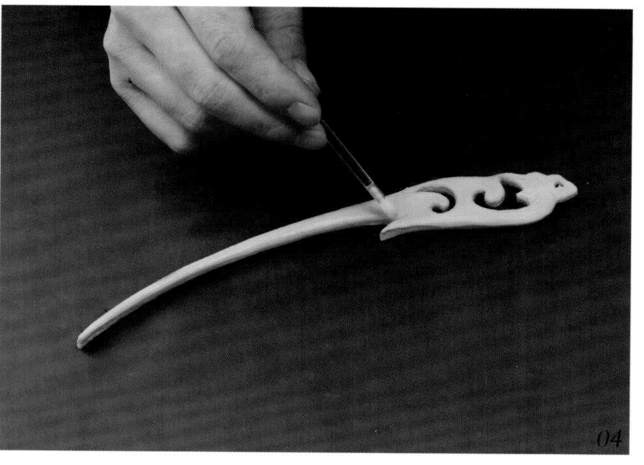
04

03 取下画稿，用刻刀将扎好的形状剥离出来。

04 将翻模油泥的边缘处理光滑。如果翻模油泥偏干，可借助凡士林进行处理。

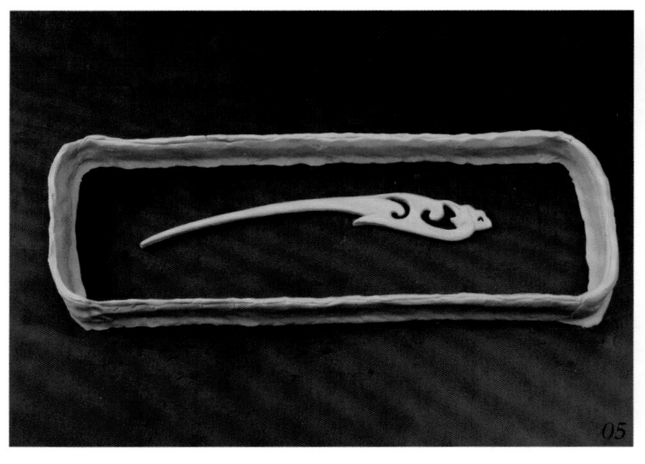

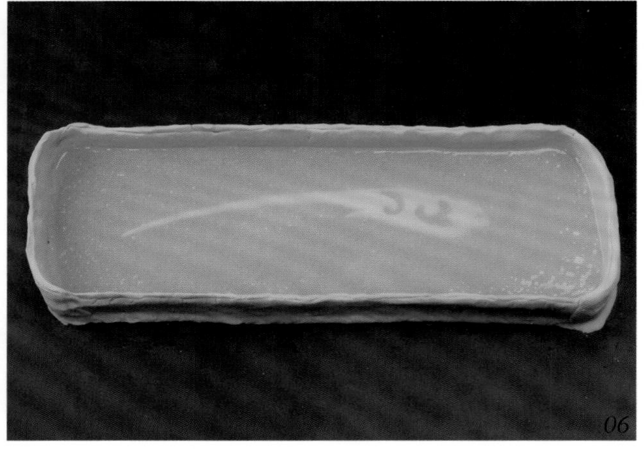

05 另取翻模油泥，压平，做成长方形的框。将发簪模型置入其中，然后喷上离型剂。

06 用电子磅秤称取100g硅胶与2g固化剂，将其调和在一起并倒入长方形框中。如果模型比较大，调配的材料量需要适当增加。

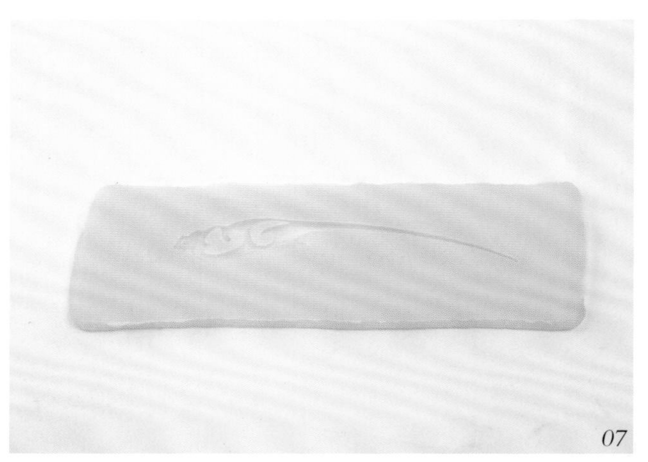

07 干透后将模型取出来，并在翻模上喷上离型剂，然后将AB水1：1调和后倒入翻模中。

08 AB水干透后将簪子取出，打磨光滑就可以了。

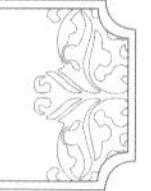

·耳珰制作（一）·

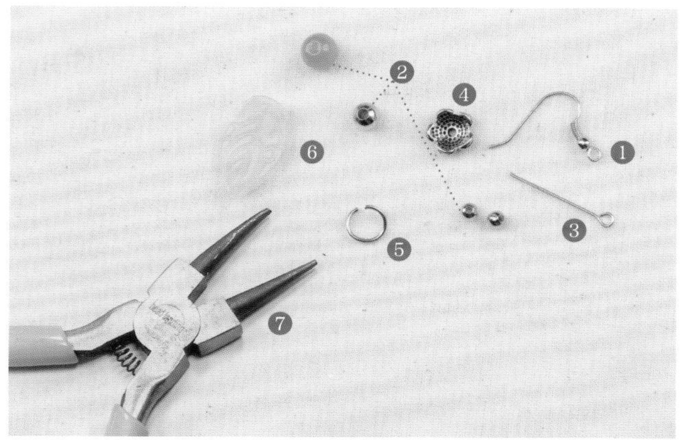

准备材料·

①耳钩 ②彩珠 ③长针 ④珠子托 ⑤小铁圈 ⑥辅料饰品 ⑦圆嘴钳

制作重点·

注意配色。为了显贵气，要配金色和绿宝石色的珠子。

01 用小铁圈把两颗小金珠与辅料饰品穿起来，注意顺序。用圆嘴钳固定好。

02 用长针将珠子托、绿宝石色大珠和金色大珠依次穿起来，用圆嘴钳固定好。

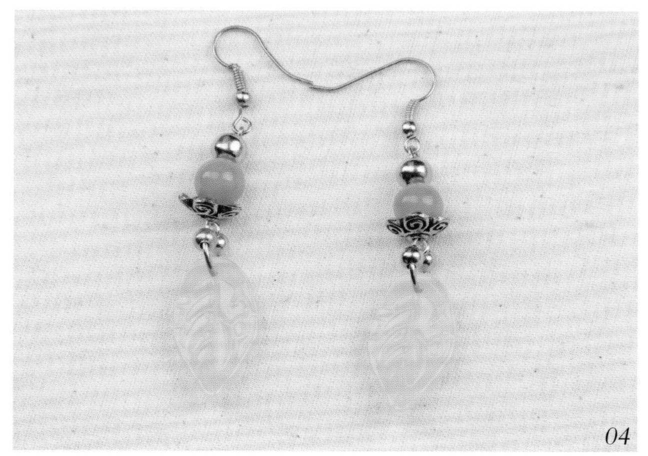

03 用圆嘴钳将制作的两部分连接在一起。

04 挂上耳钩，耳珰制作完成。

· 珥珰制作（二）·

准备材料 ·

① 耳钩 ② 珍珠与彩珠 ③ 长针 ④ 珠子托 ⑤ 小铁圈 ⑥ 圆嘴钳

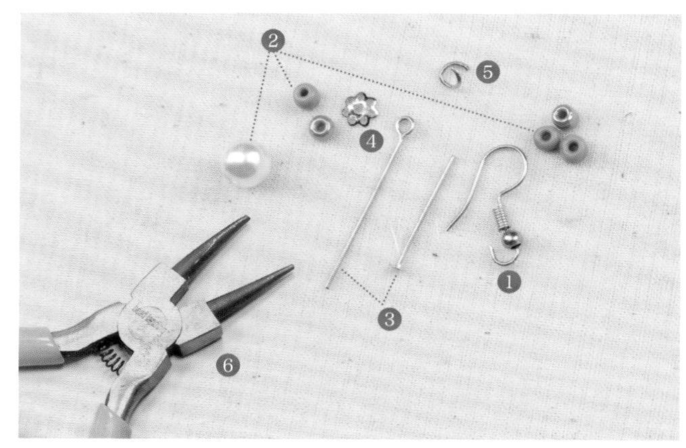

制作重点 ·

这款珥珰具有少数民族色彩，金属采用银色。为了增强层次感，可以多加入几串彩珠。

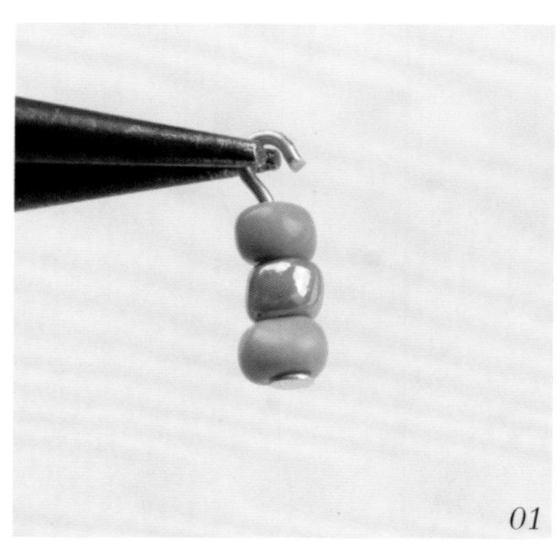
01

02

03

01 用长针将彩珠穿起来，两颗蓝色彩珠间夹一颗橘色彩珠。用圆嘴钳将长针尾部做成钩状。

02 采用同样的手法做出三串彩珠。用小铁圈将三串彩珠套在一起，用圆嘴钳固定好。再在小铁圈上套一个小铁圈。

03 用长针将珠子托、珍珠与彩珠穿起来。

04

05

04 用圆嘴钳将两个部件连接在一起。

05 挂上耳钩，完成。

·缠花发钗制作·

准备材料·

① 牙膏胶 ② 双面胶 ③ 棉线 ④ 直径为0.3mm的铜线 ⑤ 中间有孔的淡水珍珠 ⑥ 蚕丝线 ⑦ 发卡 ⑧ 剪刀 ⑨ 圆珠笔 ⑩ 卡纸

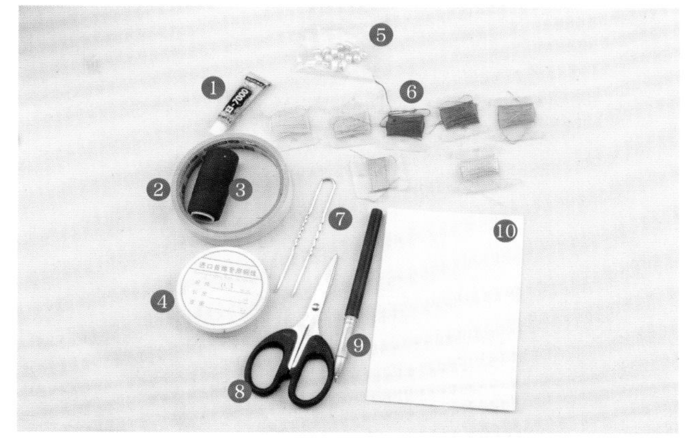

制作重点·

制作此款饰品要有耐心，缠绕蚕丝线时不要出现缝隙，要缠紧实，这样做出来的效果才会精致。

01 用圆珠笔在卡纸上画出花瓣。

02 用剪刀按圆珠笔画的线将花瓣一片一片剪下来。

03 剪好的花瓣展示。

04 在花瓣中间画一条线。

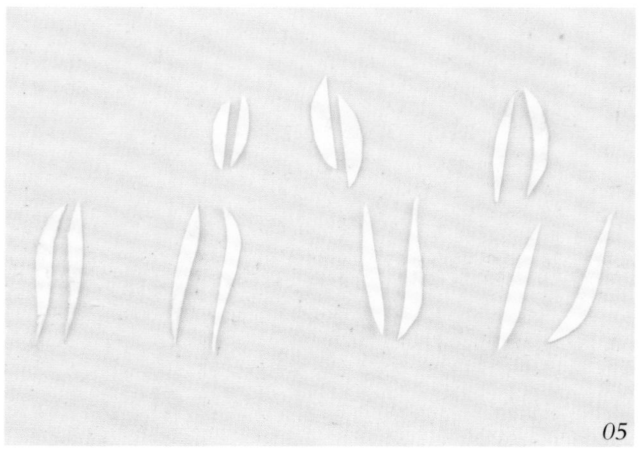

05

06

05 用剪刀将花瓣沿线条剪开，其他的花瓣采用同样的方法处理。

06 将剪好的小花瓣两两一组贴到双面胶上。

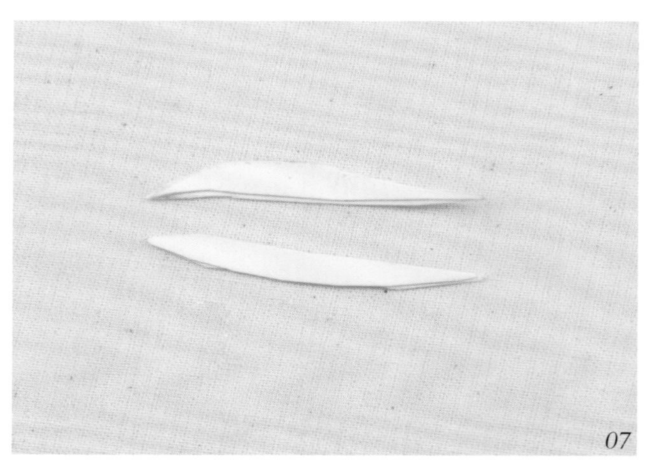

07

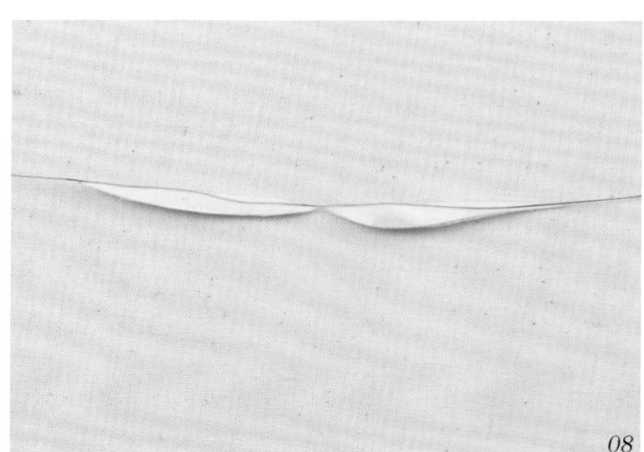

08

07 用剪刀将双面胶按小花瓣的轮廓剪下来。

08 揭下双面胶的隔离纸，两个小花瓣一组，将铜线粘在有双面胶的一面，注意衔接的位置。

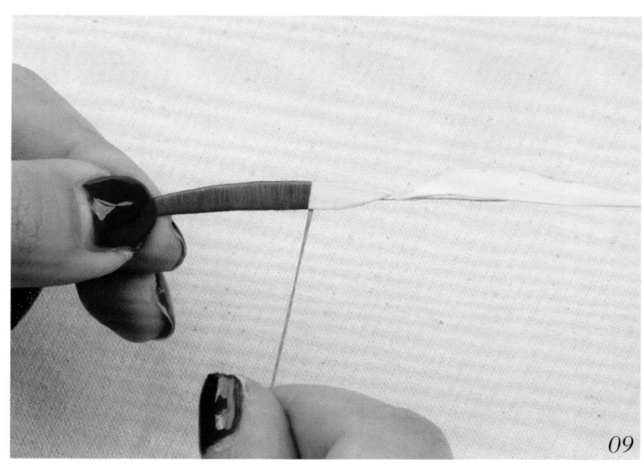

09

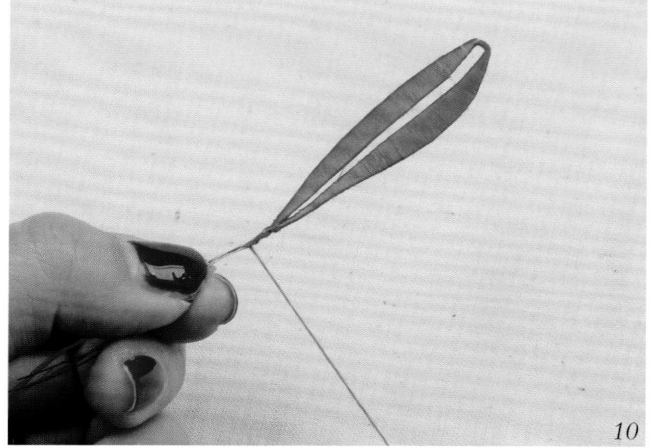

10

09 从一端开始用蚕丝线缠绕粘好的花瓣，一定要缠紧，且尽量不要出现大的缝隙。

10 缠绕完成后对折，在形成的大花瓣的根部用棉线缠绕固定。

11

12

⑪ 采用同样的方法制作出大小和颜色不同的大花瓣。

⑫ 将铜线穿入一颗淡水珍珠，将其与五个大花瓣摆成花朵的形状后用棉线缠绕根部，将其固定在一起，注意颜色搭配。为防止珍珠掉落，要用牙膏胶再粘一下。

13

14

⑬ 采用同样的方法将剩余的花瓣搭配淡水珍珠拼成不同颜色和大小的花朵。

⑭ 用棉线将做好的花朵错落有致地固定在一起，使之形成花枝。

15

16

⑮ 将发卡依次固定在花枝的尾部。

⑯ 调整花枝的弧度，缠花发钗制作完成。

第四章

九大名画仕女妆容造型

【《舞乐屏风图》】
【《挥扇仕女图》】
【《簪花仕女图》】
【《唐人宫乐图》】
【《宋仁宗皇后像》】
【《杜秋娘图》】
【《吹箫图》】
【《王蜀宫妓图》】
【《雍正妃行乐图》】

《舞乐屏风图》

背景介绍

该造型借鉴了出土于新疆吐鲁番阿斯塔那张礼臣墓《舞乐屏风图》中舞伎的形象。通过该作品，可以感受到初唐时期西北地区女子的真实生活面貌。

案例分析

此款造型要刻画出细眉凤目、额描花钿、面带红妆、唇色娇艳、明媚动人的感觉。要运用单螺髻塑造人物发型。

01

用粉底刷蘸取戏曲用的白色粉底膏，涂抹全脸，并用白粉定妆。

02

用遮瑕膏将眉毛遮住。然后用灰色眉笔画出分梢眉，接着用黑色眉笔加深层次。

03

蘸取杏红色眼影，运用倒勾的手法将眼窝的立体感体现出来。

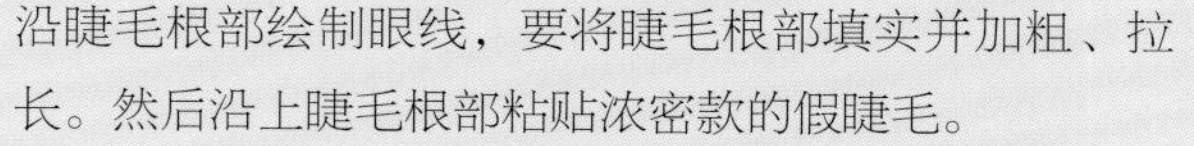

04

沿睫毛根部绘制眼线，要将睫毛根部填实并加粗、拉长。然后沿上睫毛根部粘贴浓密款的假睫毛。

05

沿下睫毛根部粘贴后长前短的自然款假睫毛，以扩大眼形。选择和眼影一样颜色的腮红，将其晕染在颧骨的位置并与眼影自然衔接。

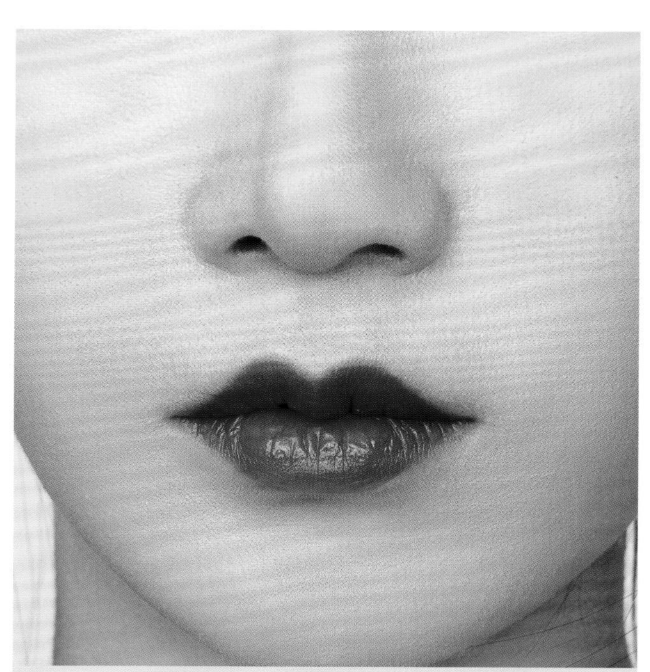

06

用正红色画出唇妆，注意唇峰要圆润，嘴角要往里收，以缩小唇形。

07

在额头处画出花钿，妆面完成。

01

用尖尾梳沿两耳耳尖连线将头发分成前后两个区。

02

将后区的头发编成三股辫，盘在脑后并固定。用细发网收拢碎发。

03

在前后区分界线处固定一个全发垫。然后将前区的头发向后梳理，将全发垫全部包裹住。将发尾盘成玫瑰卷并固定。

04

背面效果展示。

05

将椭圆髻固定在后区，注意椭圆髻下方边缘应低于后发际线。

06

用排发包裹椭圆髻边缘，进行衔接过渡，让发髻显得更加自然、饱满。

07

将单螺髻固定在头顶，将两个形状一致的假发片分别固定在全发垫左右两侧。

08

用排发在单螺髻底部包裹缠绕，进行衔接过渡。然后调整发型，使其自然、饱满。

09

正面效果展示。

10

侧面效果展示。

11

佩戴饰品，造型完成。

《挥扇仕女图》

背景介绍

该案例借鉴了唐代画家周昉创作的《挥扇仕女图》中一位仕女的造型。画中的仕女头梳飞髻，造型简单，给人柔和、美丽的感觉。

案例分析

唐代仕女妆容面部色彩一般较鲜艳，以桃红和紫红为主；妆容的线条感强烈，整体要显得妩媚动人。发型要饱满大气，本案例采用的飞髻是唐代的典型造型之一。

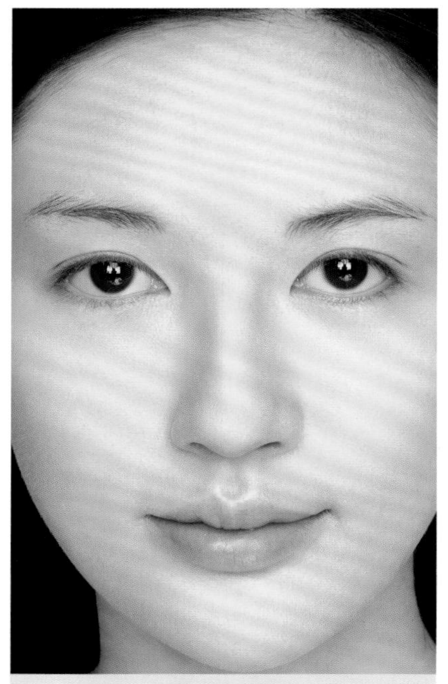

01

选择偏白一些的粉底，底妆要白皙通透。

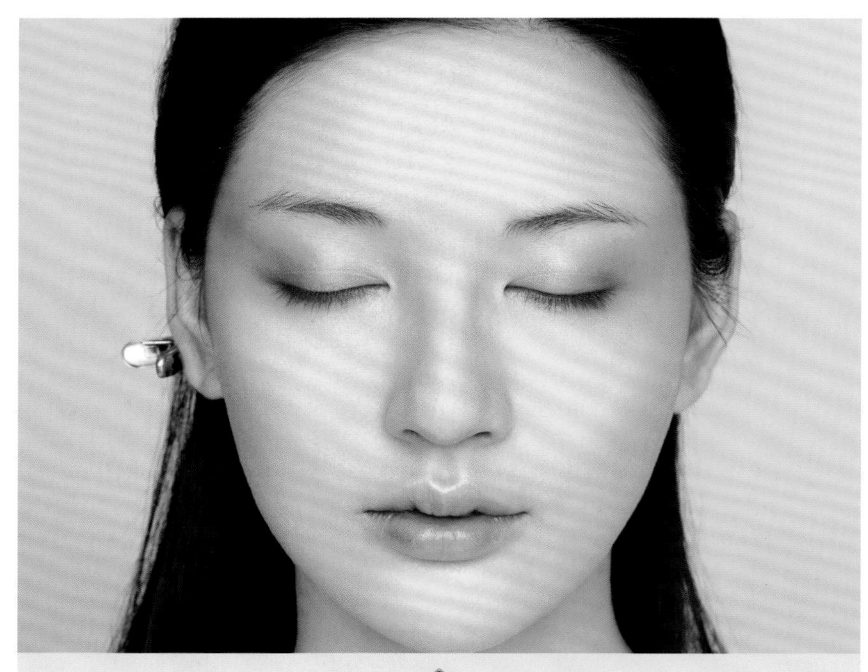

02

用大号眼影刷蘸取亚光米白色眼影，将眼窝提亮。然后蘸取梅红色眼影，从外眼角到内眼角的1/3处开始，向眉弓骨和太阳穴处晕染，呈扇形。睫毛根部的眼影颜色应适当加深，以体现出层次感。下眼影要与上眼影相互呼应，自然过渡衔接。

03

沿睫毛根部绘制深色眼线，眼尾处眼线颜色逐渐减淡，体现出虚实变化。

04

用睫毛夹将睫毛夹翘，使眼睛灵动有神。然后刷上睫毛膏，要体现出睫毛根根分明的效果。

05

粘贴好前短后长的假睫毛。注意假睫毛的弧度要自然，眼尾睫毛要与眼线持平。

06

根据脸形画出合适的眉形。

07

蘸取橘色腮红，在外眼角下方的位置晕染开，并使之与上下眼影衔接融合。

08

用遮瑕膏遮住原本的唇色。然后用唇刷蘸取海棠红色唇膏，晕染唇部。注意唇妆的范围要比原本唇的范围小些。

09

用唇膏在眉心的位置描画花钿。

01

用尖尾梳沿两耳耳尖的连线将头发分成前后两个区。从后区取一束头发，扎紧备用。

02

将准备好的全发垫固定在两耳耳尖连线上。

03

略微调整发垫的位置。

04

将前区的头发向后梳理，将发垫全部包住。注意模特左边的头发要做横向梳理。

05

将前区头发的发尾和扎好的发束用皮绳捆绑固定在一起。

06

将捆绑在一起的头发编成三股辫，然后在后脑勺黄金点的位置盘成一个小发髻。

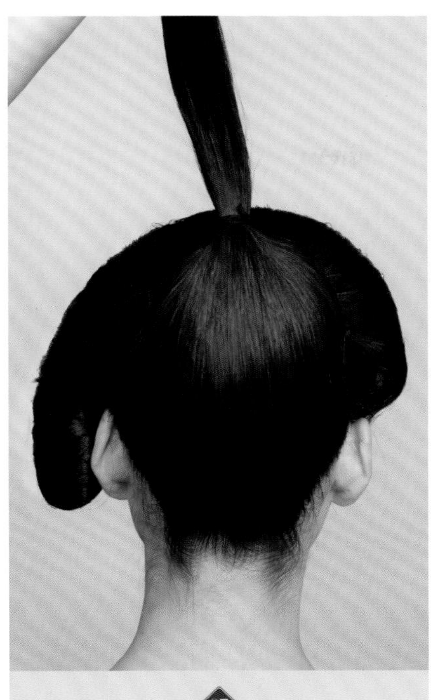

07

将后区剩余的头发向上梳理，盖住小发髻。将发尾扎起。

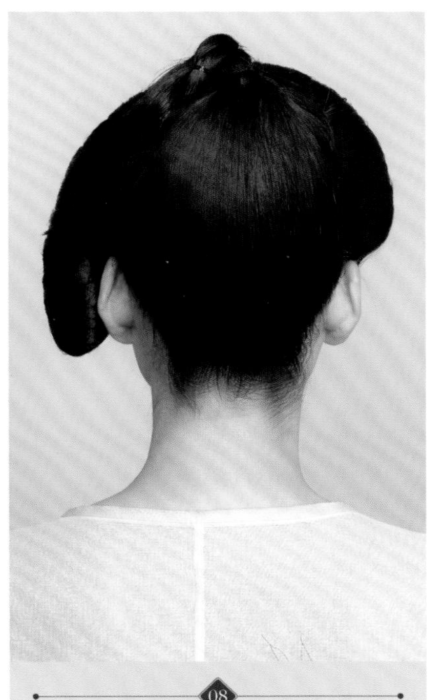

08

将扎好的头发进行两股拧绳处理，折一下固定在头顶。

09

用一字卡将做好的飞髻固定在头顶。

10

选择一束假发片，将其固定在后脑勺黄金点处。然后用假发片绕飞髻一圈。

11

将假发片的发尾藏好并固定。佩戴饰品，造型完成。

《簪花仕女图》

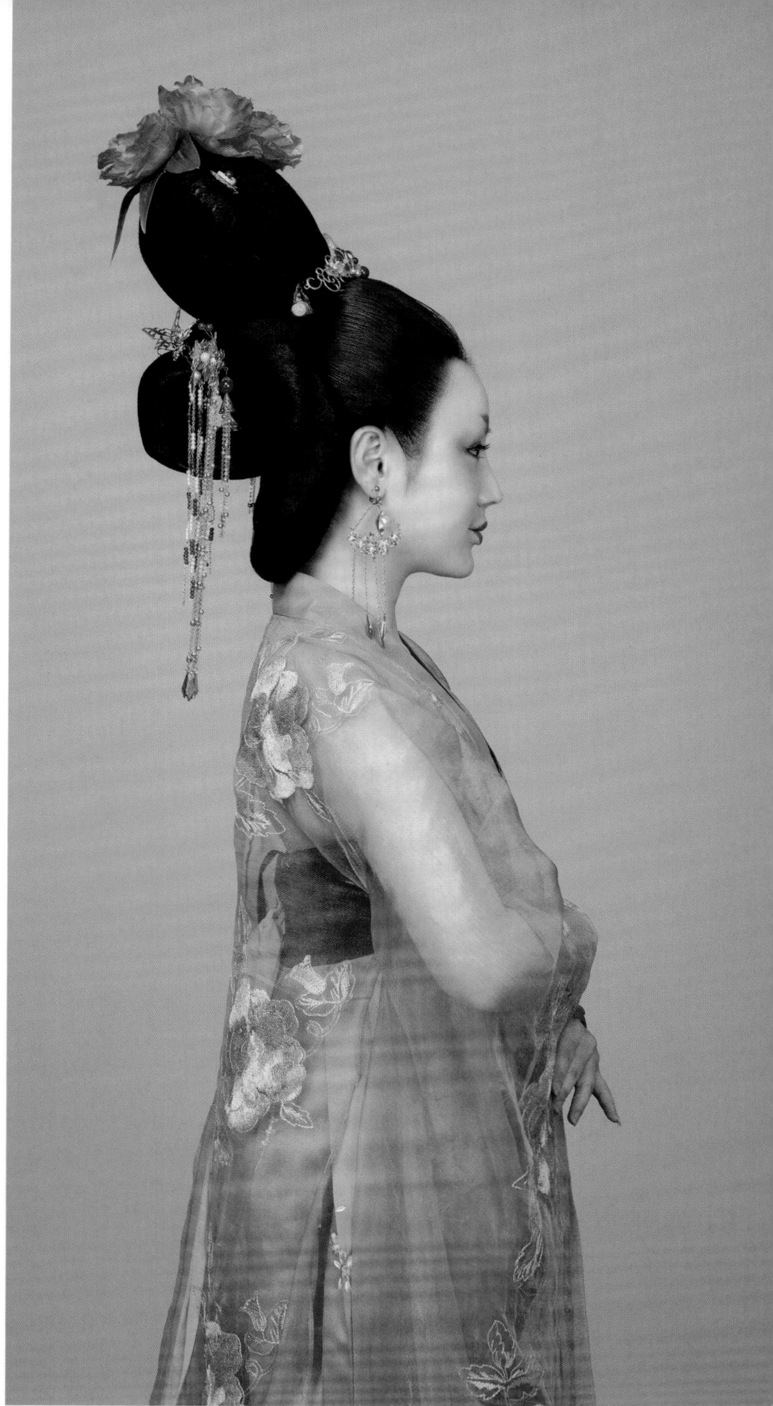

背景介绍

该案例借鉴了唐代画家周昉《簪花仕女图》中一位仕女的造型。这位仕女的发髻上插着芍药花，她面带红妆，眉如桂叶，雍容华贵。

案例分析

该造型非常有特色，设计时要注意两个方面：一是唐代的桂叶眉与蝴蝶唇妆的打造；二是高发髻的处理，整体发型要饱满，各个发区的衔接要自然。

01

用粉底刷蘸取戏曲用的白色粉底膏，涂抹全脸，并用白粉定妆。

02

采用两段式画法画眼影。内眼角用珠光白色眼影粉提亮，外眼角用梅红色眼影粉晕染。

03

从内眼角开始画眼线，根据眼形可适当拉长。注意上眼线由粗到细，下眼线要画得细一些。

04

用睫毛夹将睫毛夹翘，并刷上睫毛膏，然后粘贴单束磨尖假睫毛。

05

用遮瑕膏将模特自身的眉毛全部遮住。

06

用灰色眉笔一根一根描画出桂叶眉。

07

蘸取与眼影同色系的腮红，将其晕染在眼尾周围，呈扇形。注意眼尾处颜色最深。

08

用遮瑕膏将嘴唇的颜色全部遮住，然后画出蝴蝶唇。

01

用尖尾梳沿两耳耳尖的连线将头发分成前后两个区。将前区的头发中分并分别用鸭嘴夹固定，接着分出后区上部的头发。

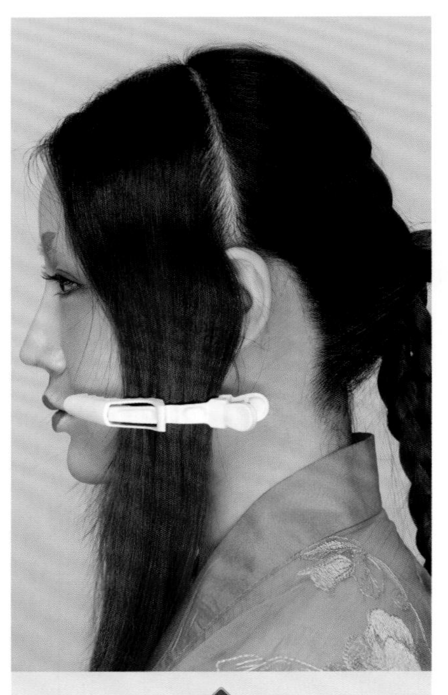

02

将后区上部的头发编成三股辫，然后将后区剩下的头发也编成三股辫。

03

将编好的三股辫盘在枕骨处并固定。然后用细发网收拢碎发，让头发紧紧贴在头皮上。

04

在前后区分界线处佩戴女式假发半头套，并用一字卡固定好。

05

将女式假发半头套梳理整齐。

06

将全发垫固定在前后区分界线处。

07

将前区的头发向后梳理，包裹住全发垫，并用一字卡固定。

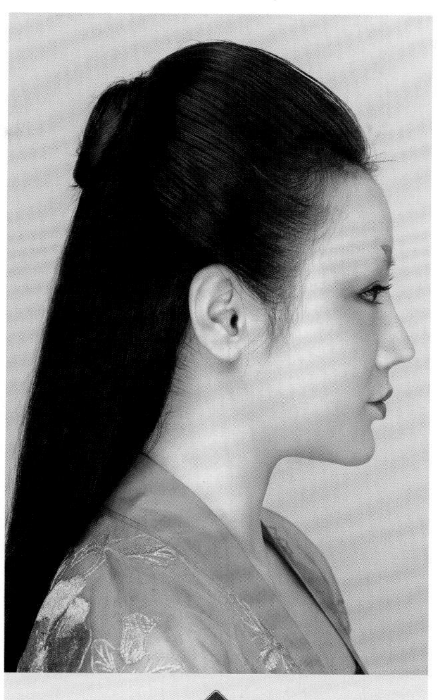

08

采用两股拧绳的手法处理前区头发的发尾，然后将两股辫盘起并固定在枕骨处。

09

背面效果展示。

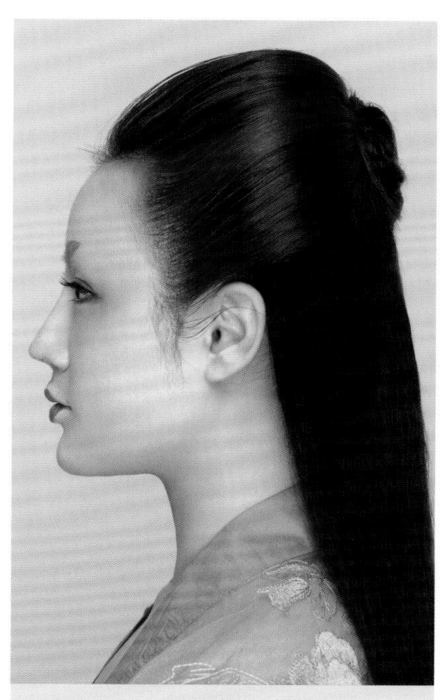

10

左侧面效果展示。

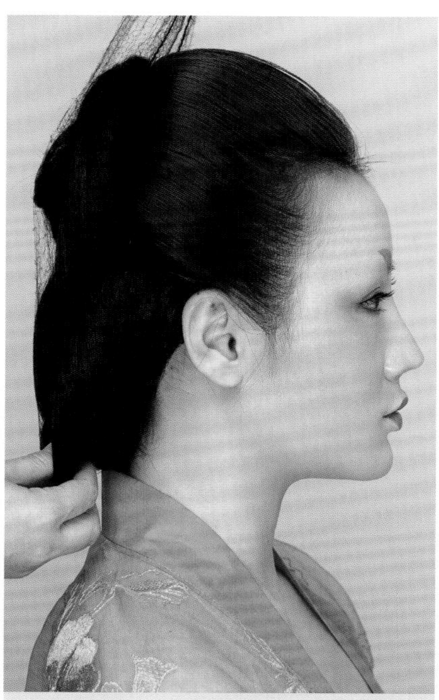

11

将后区的头发平均分为两份，交叉后向上提起，将发尾固定在全发垫根部。用细发网收拢碎发。注意发型的轮廓要饱满。

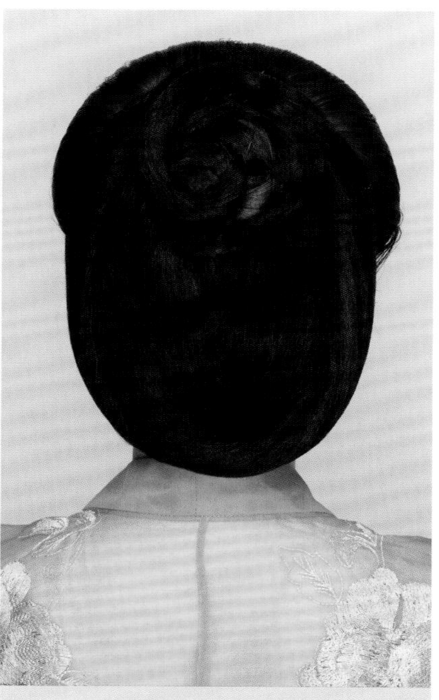

12

背面效果展示。

13

右侧面效果展示。

14

在顶区固定一个高髻。为了使高髻更牢固，在其下方再固定一个发包。

15

在高髻与发包间固定一片假发片。将假发片在高髻底部绕一圈，使衔接更自然。正面效果展示。

16

在发包上再固定一个半月形发包，以增强层次感。

17

佩戴好饰品，造型完成。

18

背面效果展示。

19

右侧面效果展示。

20

左侧面效果展示。

《唐人宫乐图》

背景介绍

该造型借鉴了唐代佚名画家创作的《唐人宫乐图》中一位贵妇的形象，画中展现了唐代宫廷仕女宴饮行乐的场面。

案例分析

画中人物采用的是唐代的造型，发型选用高发髻，佩戴金饰。整体造型要展现出姿态雍容、悠然自得的感觉。

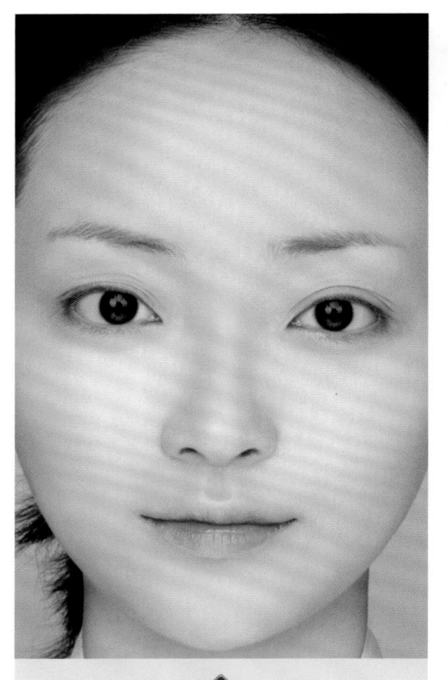

01

上好底妆，底妆要处理得白皙清透。将提亮液与粉底液调和，涂抹面部。

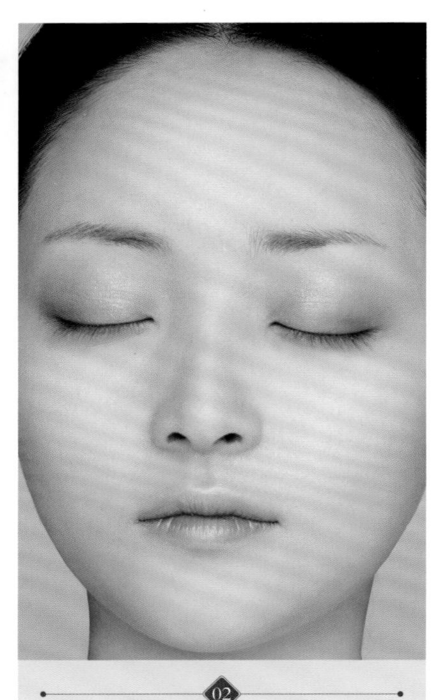

02

蘸取浅咖色眼影，在眼窝内平涂晕染。蘸取芍药红眼影，涂抹眼尾，注意睫毛根部的颜色要加重。内眼角处用浅金色眼影提亮。

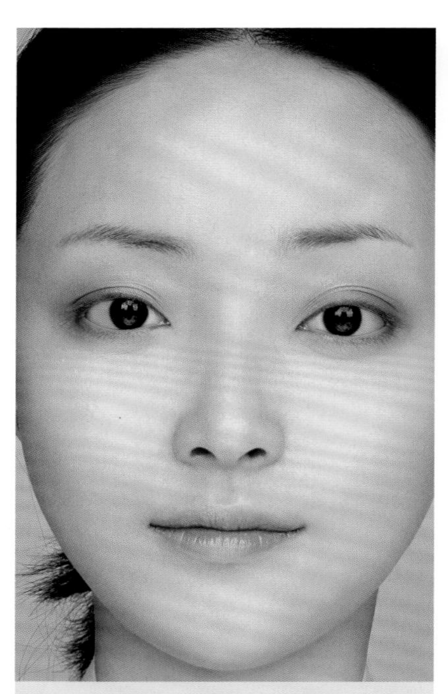

03

用芍药红眼影晕染下眼睑处，面积可适当扩大，以增强少女感。

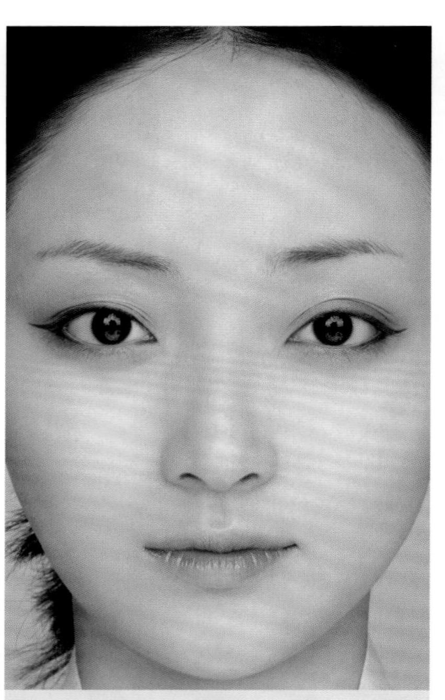

04

描画眼线。注意外眼角处眼线要拉长，下眼线与上眼线衔接自然，下眼线画眼尾至眼头1/4的范围即可。

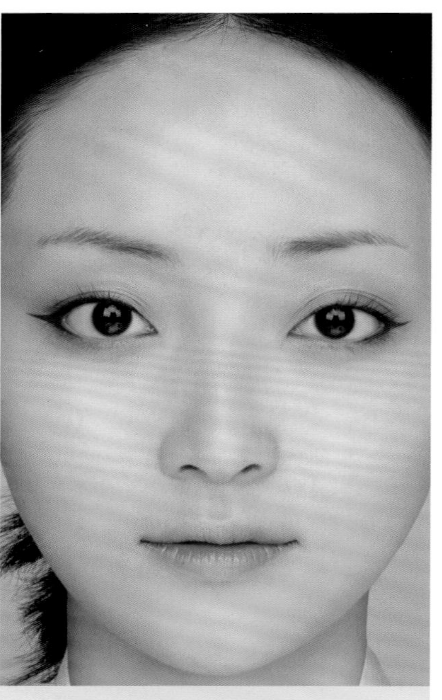

05

用睫毛夹将睫毛夹翘，并涂抹定型液定型。

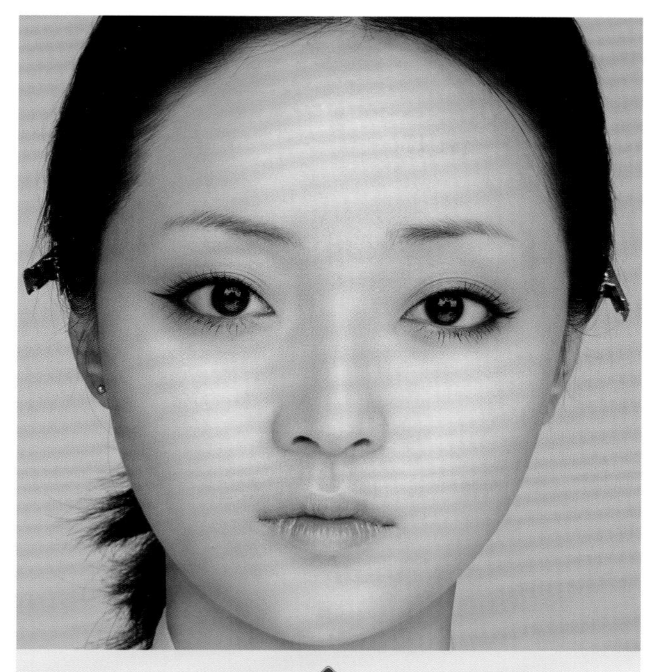

06

刷睫毛膏，然后佩戴自然款假睫毛。

07

画眉。眉形要柔和，眉峰的弧度要圆润。

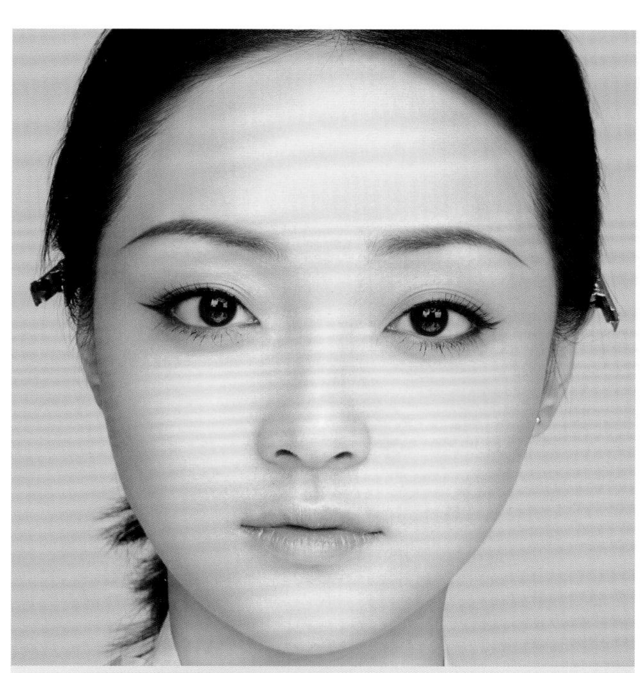

08

选择与眼影相同颜色的腮红涂抹脸颊，面积可稍微大一些。

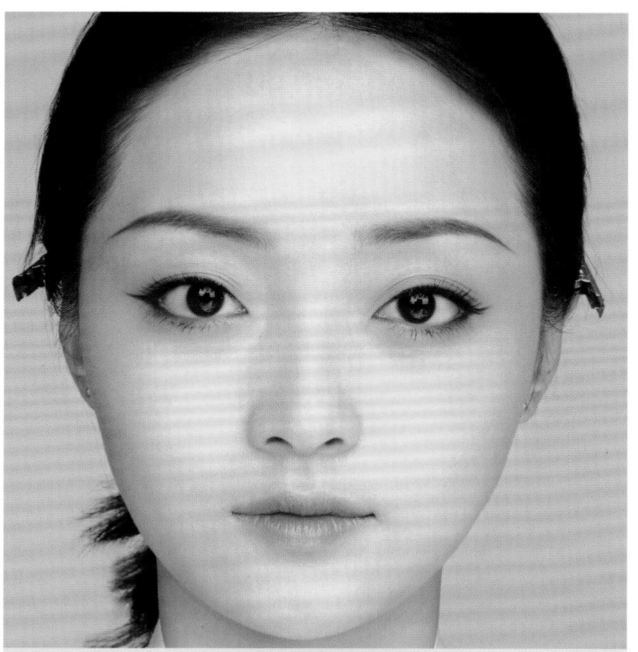

09

选择偏粉嫩的口红涂抹唇部，注意下唇嘴角向内收。

01

用尖尾梳沿两耳耳尖的连线将头发分成前后两个区。将前区的头发中分，并用鸭嘴夹在左右两侧分别固定。在后区分出上部的头发。

02

将后区上部分出的头发编成三股辫。下部的头发平均分成左右两部分，然后分别编成三股辫。

03

将后区上部编好的三股辫盘在黄金点处，用一字卡固定。

04

将后区下部左右两侧的三股辫盘在已盘好头发的外围，用一字卡固定，形成一个扁平的发髻。用细发网包住发髻，以收拢碎发。

05

在前后区分界线处佩戴女式假发半头套。固定好后将头发梳顺。

06

取一个全发垫，将其固定在前后区分界线处，并用一字卡固定。

07

将前区的头发向后梳理。

08

使前区的头发完全包裹住全发垫。注意发丝的走向。将发尾盘起，固定在脑后。

09

侧面效果展示。

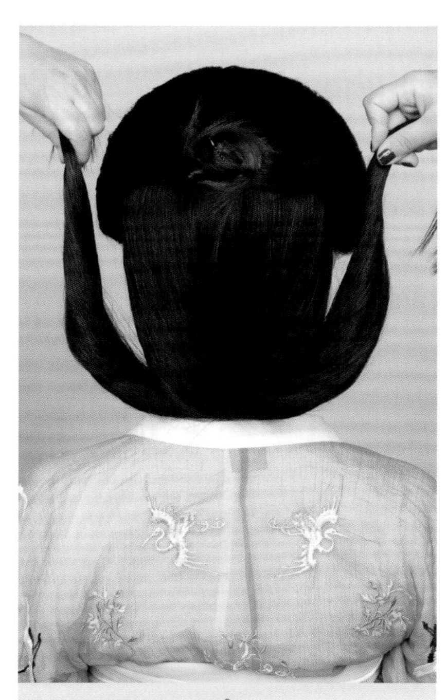

10

将后区的头发平均分成左右两份，于后发际线处交叉上提。

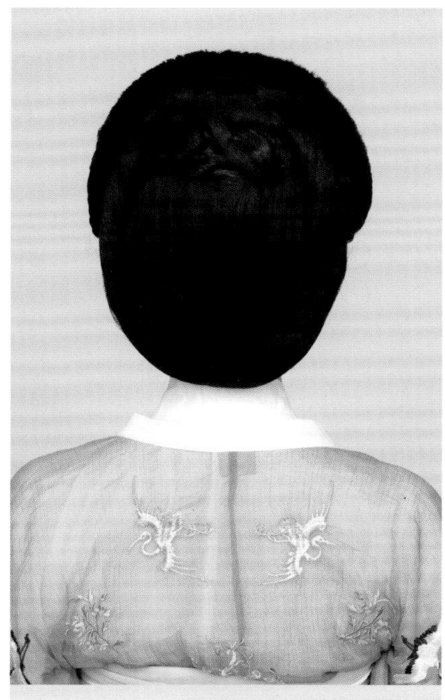

11

将后区头发的发尾在头顶固定。套一层细发网，以收拢碎发。

12

将长条发包放置在右耳上方斜向头顶的位置，用一字卡固定。

13

用假发片包裹住发包，让发包衔接过渡得更加自然。

14

套上细发网，以收拢碎发。

15

完成后的效果展示。

16

用一字卡将环髻固定在头顶。

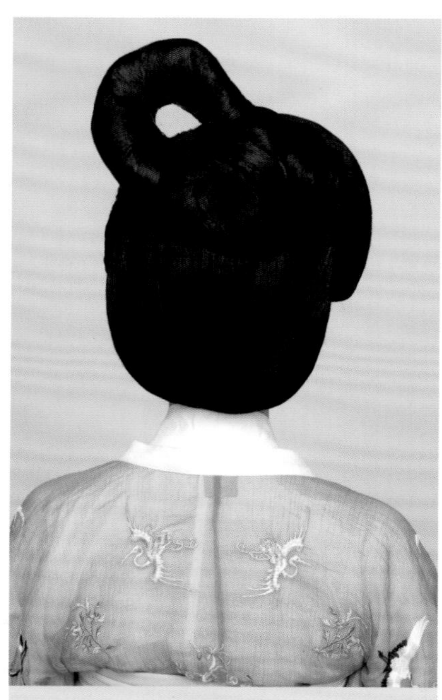

17

在环髻底部固定一个玫瑰卷，进行衔接过渡，让发型更加饱满、自然。

18

佩戴饰品，造型完成。

《宋仁宗皇后像》

背景介绍

该造型借鉴了《宋仁宗皇后像》中皇后的整体形象。画中的皇后头戴凤冠，面颊和额头处贴有珠钿。皇后所穿的服装光鲜华丽，人物神态庄重肃穆。

案例分析

该案例的妆容是宋代后妃独有的“珍珠花钿妆”。在额头、鬓角与脸颊上粘贴珍珠时注意，珍珠要摆放出一定的弧度，不要粘成直线。眉毛整体一定要描画得硬朗一些。佩戴的饰品特别华丽。在妆面的设计中，整体颜色的饱和度一定要高，以展现宋代特有的素雅与低调奢华之感。

01

用粉底刷蘸取粉底膏，涂抹面部。注意底妆要处理得偏厚一些。

02

描画上眼影。蘸取砖红色眼影，在眼尾处晕染，将晕染范围向上扩大并向太阳穴处延伸。蘸取金色眼影，提亮内眼角。

03

用同样的手法描画下眼影。下眼影与上眼影应自然衔接，晕染范围不用扩大，在睫毛根部晕染出层次即可。

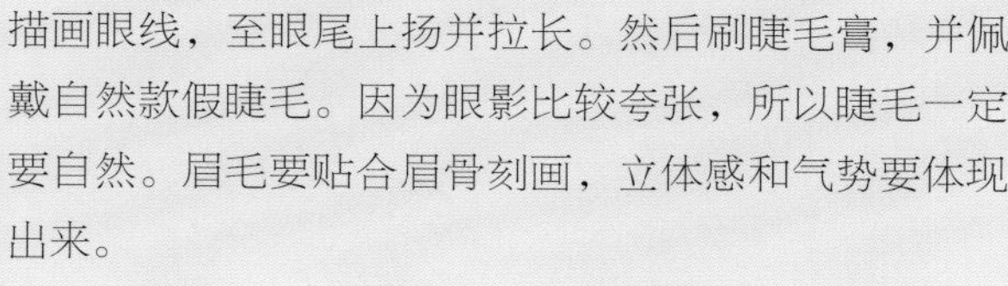

04

描画眼线，至眼尾上扬并拉长。然后刷睫毛膏，并佩戴自然款假睫毛。因为眼影比较夸张，所以睫毛一定要自然。眉毛要贴合眉骨刻画，立体感和气势要体现出来。

05

蘸取和眼影同色系的腮红，斜扫在颧骨下方，以增强面部的立体感。

06

画唇妆。唇峰要刻画得尖锐些，不要太圆润。口红颜色的饱和度要高。

07

在额头、鬓角和脸颊上用睫毛胶粘贴珍珠。

01

用尖尾梳沿两耳耳尖连线将头发分成前后两个区。将前区的头发中分，然后将后区的头发扎成高马尾。

02

将马尾编成三股辫盘绕固定在头顶，形成一个小发髻。然后将前区右侧的头发向侧后方梳理，右耳处用鸭嘴夹固定，发尾沿小发髻周围盘绕并固定。将前区左侧的头发梳顺。

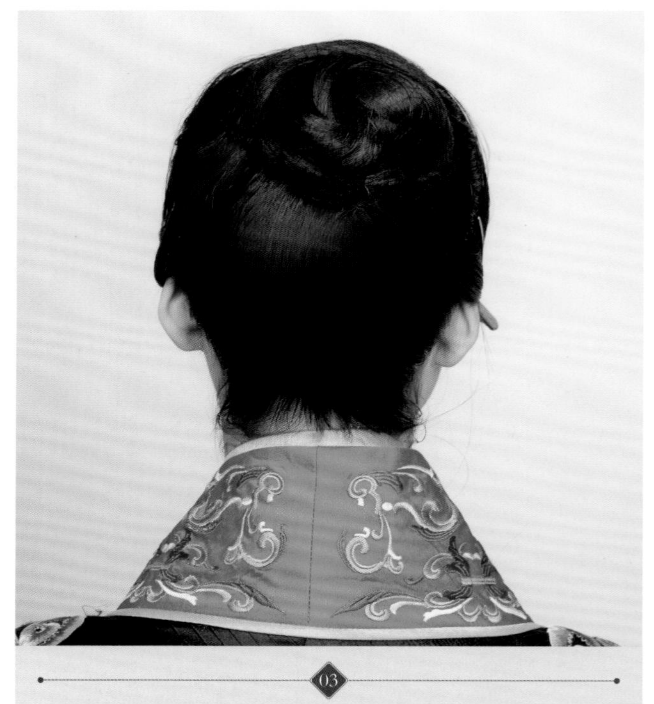

03

前区左侧的头发采用与右侧相同的手法处理。套上细发网，以收拢碎发。

04

完成后的正面效果展示。

05

右侧面效果展示。

06

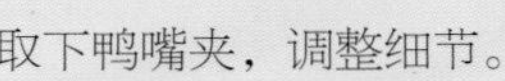

取下鸭嘴夹，调整细节。

07

佩戴凤冠，造型完成。

《杜秋娘图》

背景介绍

该造型借鉴了元代画家周朗的传世之作《杜秋娘图》中杜秋娘的造型。图中的杜秋娘身着唐装、高髻长裙，独立于世。其面容丰满端庄，衣带飘逸，身形婀娜。

案例分析

此款造型的妆容要描画得精致一些。眉形选用唐代经典的却月眉，眼妆温柔妩媚，腮红要有“酒可染丹颜”的感觉，唇妆娇小性感。发型采用小盘髻，饰品华丽，体现出唐代歌舞伎的风姿与神态。

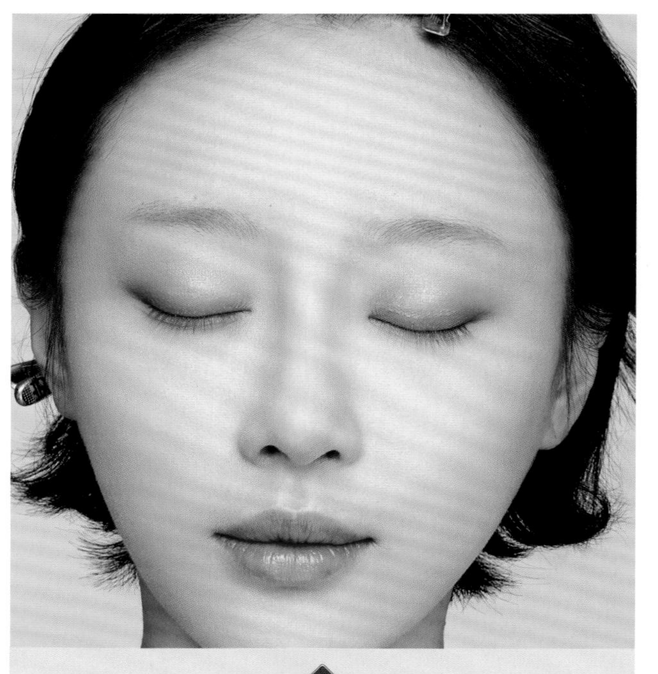

01

用大号眼影刷蘸取亚光白色眼影，从眼头向眼尾平涂整个眼窝。眼妆设计采用球式眼影画法，将眼部的立体感体现出来。用小号眼影刷蘸取南瓜色眼影，从内眼角晕染至眼窝前1/3处，然后从外眼角晕染至眼窝后1/3处。蘸取淡金色眼影，在眼窝中间提亮，涂一个圆形。

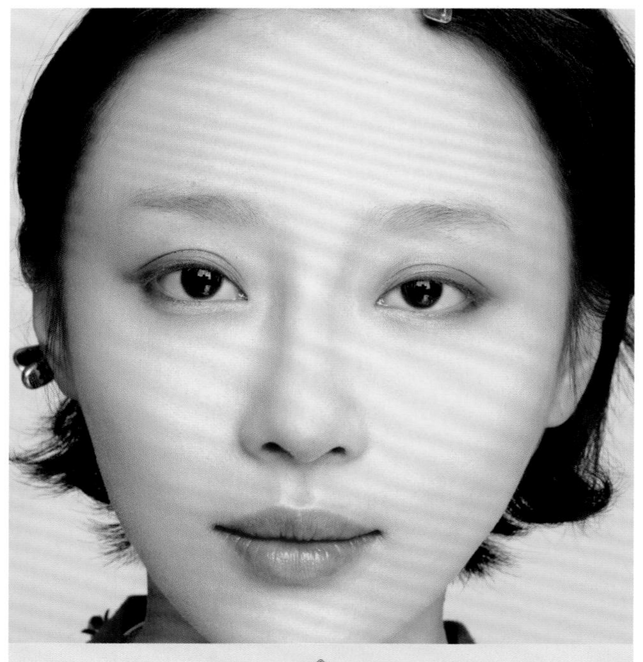

02

用眼影刷蘸取南瓜色眼影，描画下眼影。注意眼尾与上眼影衔接，颜色由深至浅自然过渡，晕染至眼球正下方消失。蘸取浅金色眼影，从眼头向后晕染至眼球正下方，与南瓜色眼影衔接，自然过渡。

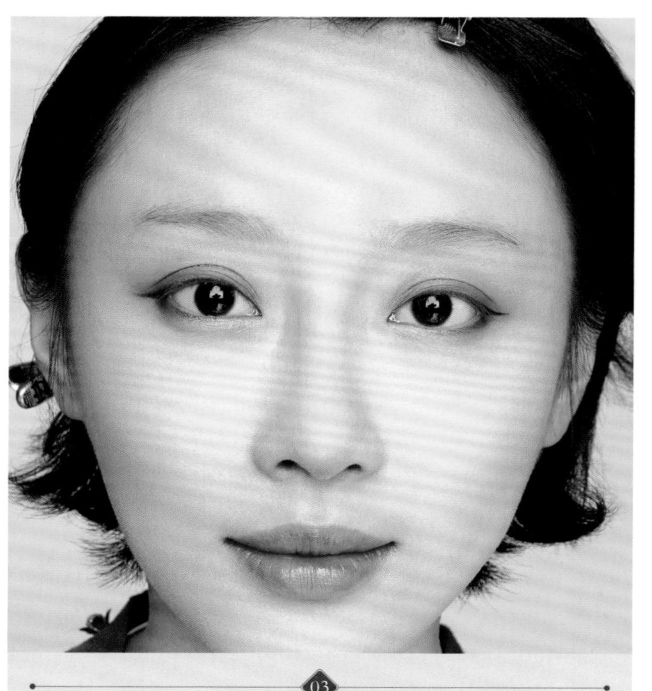

03

用眼线笔画眼线。眼尾处平直拉出，不可上扬，以表现出女性温柔的感觉。

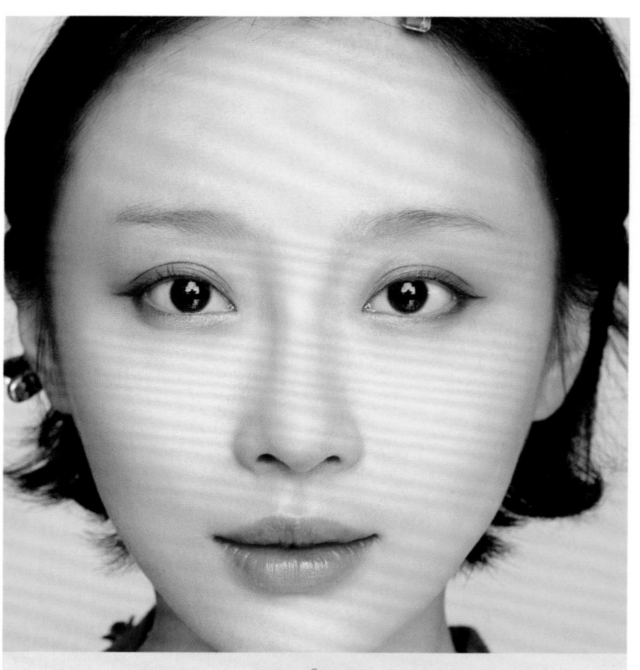

04

用睫毛夹将眼尾处的睫毛夹翘，然后刷睫毛膏定型。

05

佩戴前短后长的假睫毛，注意内眼角处不可过翘。眼尾处最翘，与眼线高度持平。

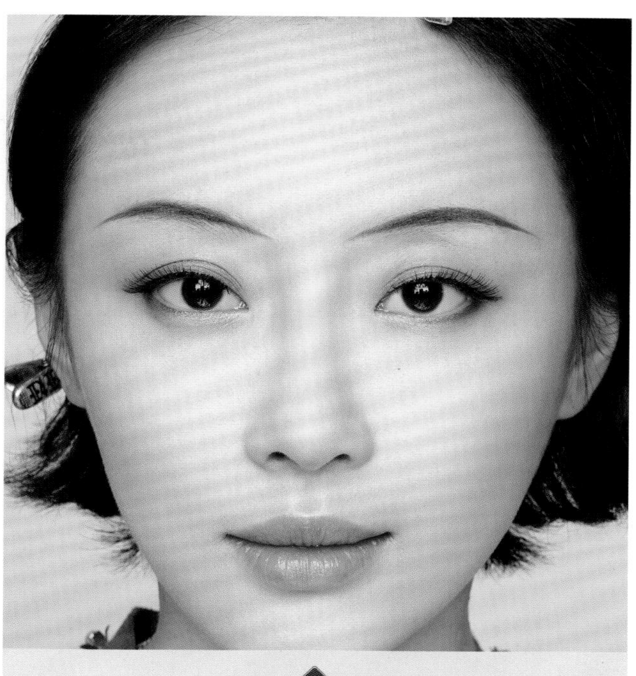

06

先用遮瑕膏遮住模特原本的眉毛。然后用眉刷蘸取青黛色眉粉，画出却月眉。注意眉头的颜色一定要浅。

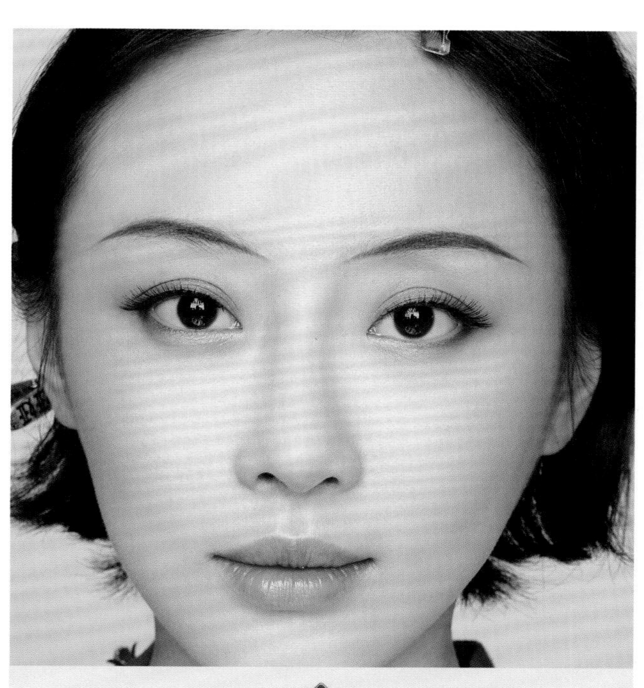

07

描画腮红。先用腮红刷蘸取淡橘色腮红粉，斜扫打底。注意腮红的最低处不能低于鼻底线。然后用腮红刷蘸取朱红色腮红，在颧骨最高点叠加，使之更具层次感。

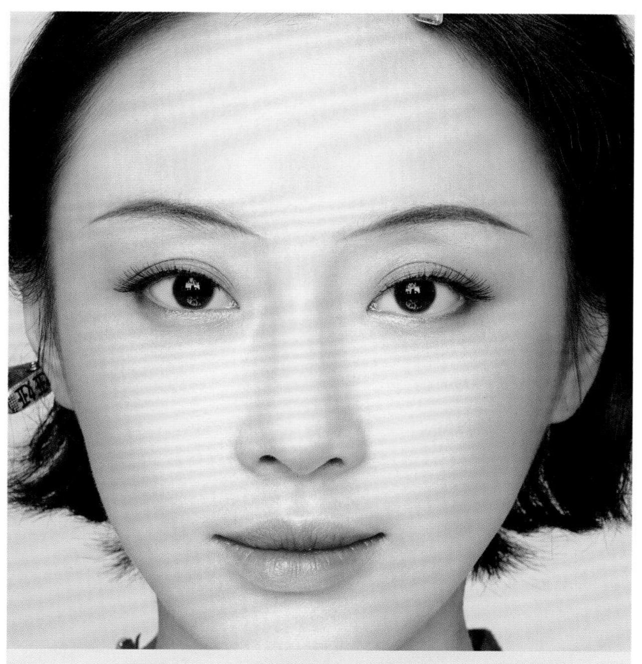

08

用唇膏滋润唇部，然后用遮瑕膏遮住唇边缘。接着用正红色口红从唇缝开始往唇边缘晕染，颜色由深至浅。

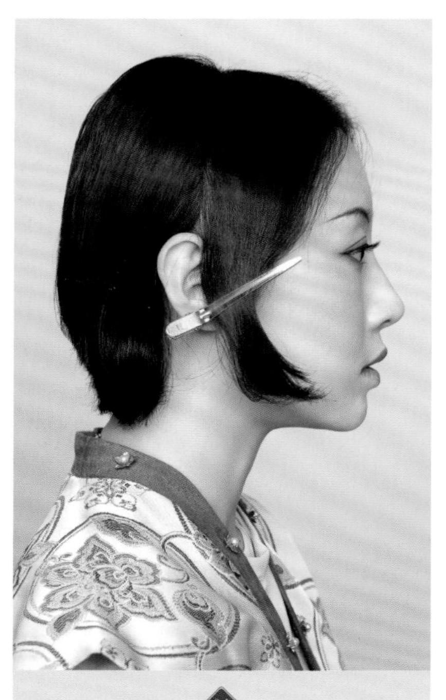

01

用尖尾梳沿两耳耳尖连线将头发分成前后两个区。然后将前区头发中分，并用鸭嘴夹在左右两耳处固定。

02

将后区的头发竖向分成三等份，然后分别用“3+2”编发的手法编起来。先编左侧的头发。

03

后区右侧采用同样的手法编发。

04

后区中间采用同样的手法编发。

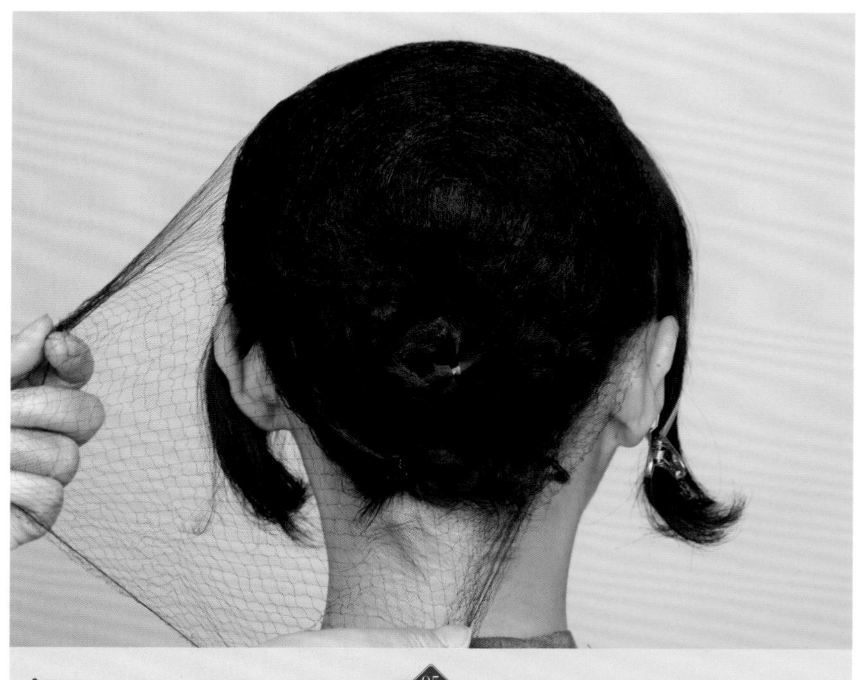

05

将编好的辫子盘起来。左侧辫子的发尾向右扭、向上提，贴着头皮压平，用一字卡固定；右侧辫子的发尾向左扭、向上提，贴着头皮压平，用一字卡固定；中间辫子的发尾向左扭、向上提并固定。然后用细发网套住后区的头发，让头发更伏贴。

06

在前后区分界线处佩戴女式假发半头套，并用一字卡固定。

07

将女式假发半头套梳理整齐。

08

在两耳上方分别固定一个发垫。

09

将前区的头发向后梳理，使其包裹住发垫，并用一字卡固定。

10

将头套上的头发分为左右两份，交叉后将发尾向上提。

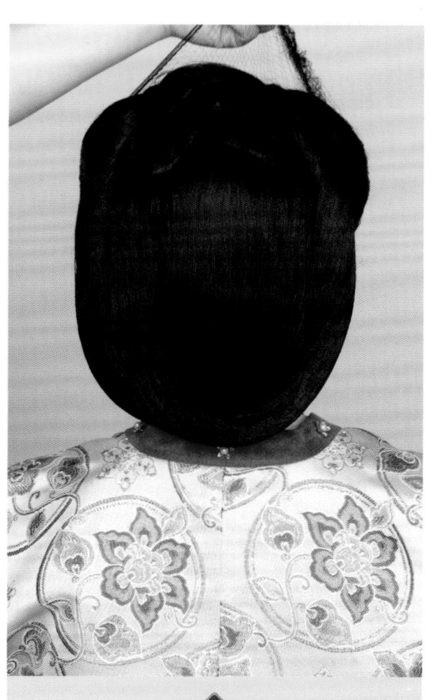

11

将发尾盘在头顶，然后用细发网包裹，以收拢碎发。

12

调整发型，从正面看要左右对称。

13

在头顶处固定一个假发髻。

14

为了使发型更饱满，在右侧加入一个小发包。在小发包左侧固定一片假发片。

15

用假发片包裹住小发包，将发尾盘在其根部。套上细发网。

16

将两个玫瑰卷分别固定在小发包的两侧，以增强整体发型的饱满度。

17

佩戴好饰品，造型完成。

《吹箫图》

背景介绍

该造型借鉴了明代画家唐寅《吹箫图》中仕女的形象。画中的女子头挽环髻，面容秀美，体态端庄，神情忧郁。

案例分析

本造型的发型采用的是环髻。在额头位置佩戴由三股辫盘成的椭圆形连片发件，其长度要根据脸形进行调整。妆面要立体，重点是眉形要弯挑细长，唇色饱和度要高，唇形饱满。本造型与华丽的饰品搭配才能将整体的造型感体现出来。

01

处理好底妆。然后蘸取咖色眼影，从外眼角开始晕染，晕染整个眼窝，注意层次感的体现，睫毛根部颜色最深。

02

蘸取珠光米金色眼影大面积晕染内眼角处。

03

睫毛根部用深咖色眼影加深，并在眼尾处拉长。

04

用眼线笔在睫毛根部画一条眼线，不可加宽。

05

用睫毛夹夹翘睫毛，刷睫毛膏定型。注意用小睫毛膏刷头更容易刷出根根分明的效果。

06

佩戴前短后长的假睫毛，以拉长眼形。

07

根据脸形将眉毛描画出来。

08

用腮红刷蘸取橘红色腮红，淡淡地晕染在脸颊两侧，以增强面部的立体感。

09

蘸取中国红口红，描画出唇形。唇缝位置用深红色口红加深，以增强唇部的立体感。

01

用尖尾梳沿两耳耳尖连线将头发分成前后两个区。然后将前区的头发中分，并用鸭嘴夹在左右两侧分别固定。后区头发暂时用皮筋固定。

02

分出后区枕骨处的头发。

03

将分出的头发编成三股辫。将后区剩下的头发平均分成左右两部分，并分别编成三股辫。

04

将编好的三股辫盘在脑后，压平并固定。套一层细发网，以收拢碎发。

05

在前后区分界线处佩戴女式假发半头套，并用一字卡固定。

06

将前区所有的头发向后梳，扎成马尾并固定。

07

将马尾盘成小发髻。将后区的头发在后发际线处平均分成左右两部分，然后分别用两股拧绳的手法进行处理。将左侧的两股辫从右侧头发下方绕出，向上盘绕，将发尾固定至小发髻处。

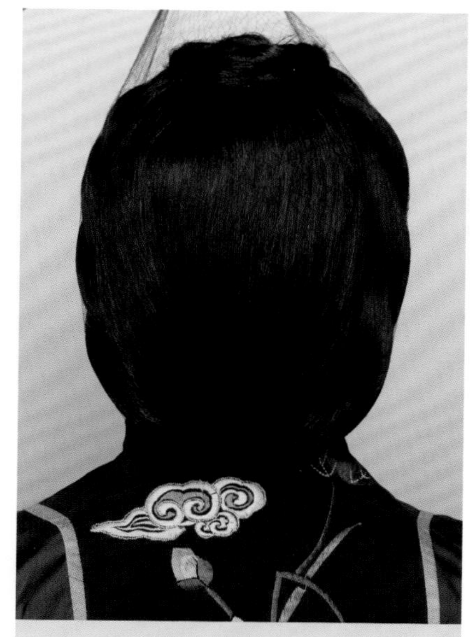

08

后区右侧的两股辫绕至左侧，向上盘绕，将发尾固定至小发髻处。套上细发网，以收拢碎发。

09

选择由三股辫盘成的椭圆形连片发件，将其固定在前区，根据脸形调整高度。

10

将环髻佩戴在头顶，用一字卡固定。然后用假发片包裹住发包底部，让发包衔接得更自然。

11

佩戴饰品，造型完成。

《王蜀宫妓图》

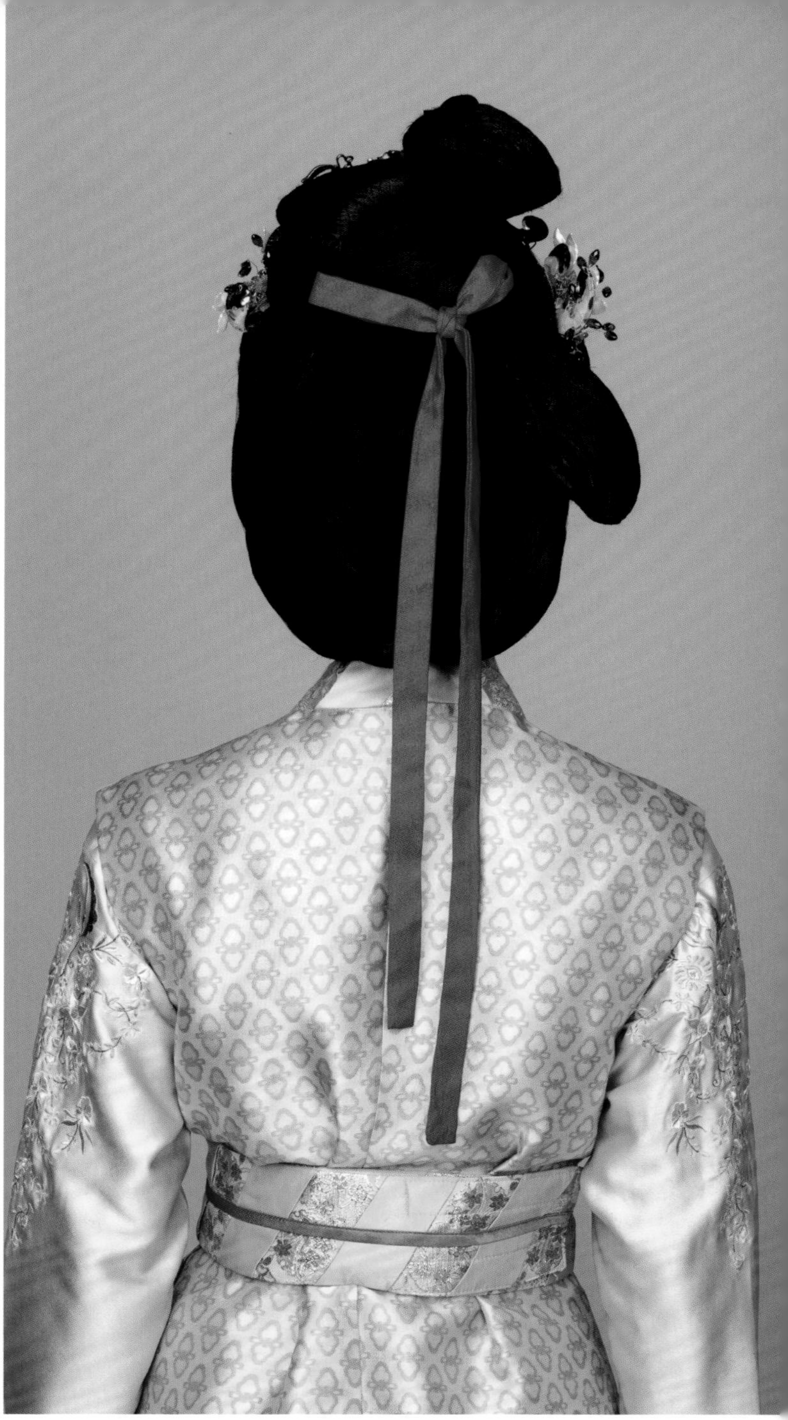

背景介绍

该案例借鉴了《王蜀宫妓图》中一位仕女的形象。《王蜀宫妓图》画了四个歌舞仕女，画中的仕女头戴金莲花冠，身着云霞彩饰的道衣，柳眼樱唇，并以白粉晕染额、鼻、脸颊，形象娇媚可爱，体貌丰润又不失秀美，情态端庄。

案例分析

妆面各个局部的颜色属于同一色系。在制作发型时运用发片对额角进行修饰。宫廷中的人物造型都要表现出色彩浓重、服饰华丽的感觉。

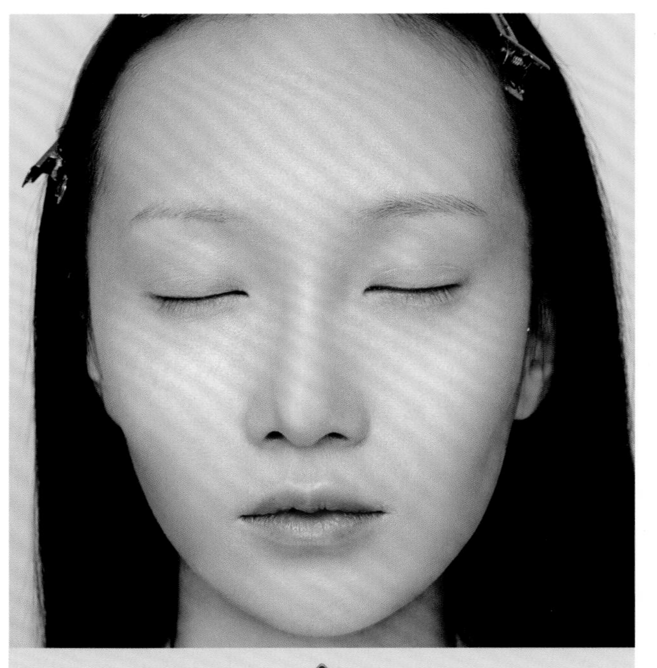

01

用比模特本身的肤色亮一度的粉底液涂抹面部。

02

用眼影刷蘸取南瓜色眼影，在上眼睑处进行大面积层次晕染，然后将眼尾的颜色加深。

03

用同一种眼影晕染下眼睑，使下眼影与上眼影衔接，注意过渡要自然。

04

用眼线笔画出眼线，可适当加粗。

05

夹翘睫毛，然后在原生睫毛根部粘贴假睫毛。

06

画眉，要表现出层次感，眉峰的弧度要柔和。

07

蘸取橘色腮红，斜扫在颧骨处，最低处不要超过鼻底线。

08

用橘红色口红描画嘴唇，注意嘴角要向内收，以缩小唇形。

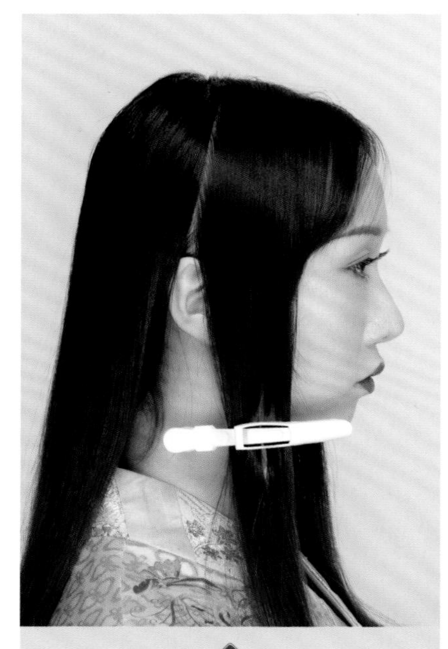

01

用尖尾梳沿两耳耳尖的连线将头发分成前后两个区。将前区的头发中分，并用鸭嘴夹在左右两侧固定。

02

分出后区上部的头发。

03

将后区上部分出的头发编成三股辫。将后区下部的头发平均分成左右两部分，然后分别编成三股辫。先编左侧部分。

04

后区下部右侧也编成三股辫。将编好的三股辫盘在脑后，尽量压平。先将后区上部的三股辫盘起，然后将后区下部左侧的三股辫盘在已盘好头发的外围。用一字卡固定。

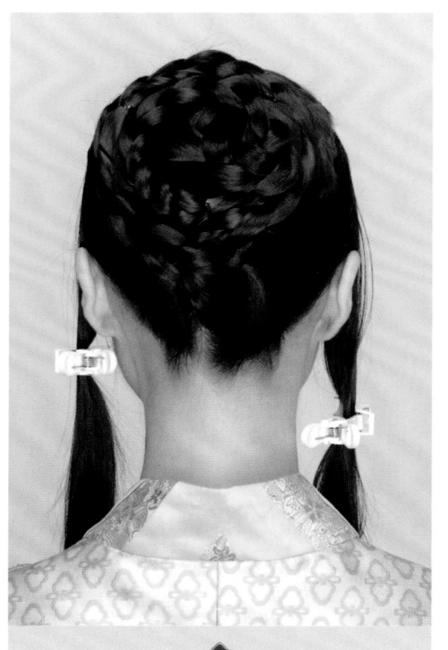

05

将后区下部右侧的三股辫也盘在已盘好头发的外围，用一字卡固定，形成一个扁平的发髻。

06

用细发网套住发髻，以收拢碎发。

07

在前后区分界线处佩戴女式假发半头套，并用一字卡固定好。

08

将一个全发垫固定在前后区分界线处。然后将前区的头发向后梳理，使之包裹住发垫，注意发丝的走向。

09

将发尾在脑后盘成玫瑰卷，用一字卡固定。

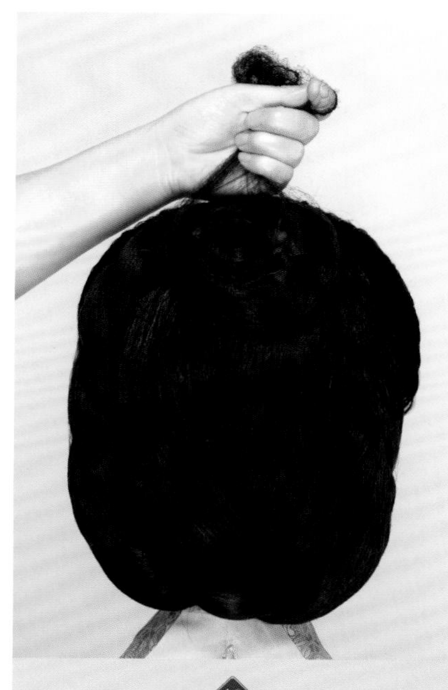

10

将后区的头发平均分成两份，再各分成两份后采用两股拧绳的手法处理，形成两条两股辫。将两条两股辫交叉后向上盘绕固定。然后用细发网包住，以收拢碎发。

11

在顶区固定一个大的假发髻，然后在右侧额角处固定一个用假发片做成的发圈，以修饰脸形。

12

在模特右耳后方固定一个小的假发髻，再在左侧额角处固定一个发圈。

13

佩戴好饰品，造型完成。

14

背面效果展示。

《雍正妃行乐图》

背景介绍

该造型借鉴了《雍正妃行乐图》中一位女子的形象。画中的女子身穿裘装，一手放置在暖炉上，一手揽镜自赏，其两弯柳叶眉之间透露着身居后宫的无奈之情。

案例分析

这款造型中妆面素雅简约，眉毛纤细，眼妆淡雅柔和，整体色调可选用粉色系，这样人物看起来会显得更加柔美。发型简单、利落，要体现出温婉、小巧的感觉。

01

用粉底刷蘸取接近肤色的粉底液，涂抹全脸。

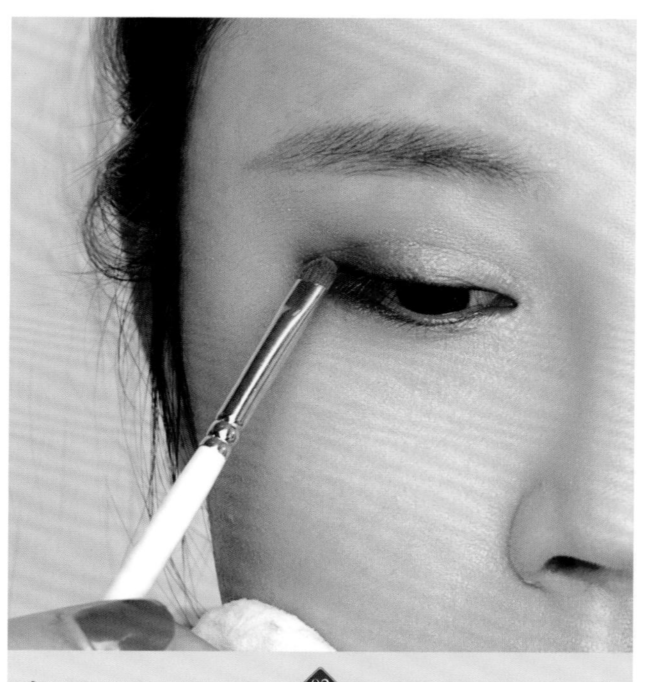

02

采用两段式画法表现眼影，靠近内眼角的一半用珠光白色眼影提亮，靠近外眼角的一半用咖色眼影晕染。

03

从内眼角开始画眼线，由粗到细画至眼尾。根据眼形，眼线在眼尾处可适当拉长。下眼线要画得细一些。

04

用睫毛夹将睫毛夹翘，刷上睫毛膏，然后粘贴单束磨尖假睫毛。

05

用遮瑕膏遮盖眉毛边缘，以修饰眉形。然后用灰色眉笔一根一根描出柳叶眉。

06

用腮红刷蘸取奶粉色腮红，大面积晕染面部。注意颧骨处的颜色最深。

07

用遮瑕膏将嘴唇的颜色全部遮住。然后用唇刷蘸取橘红色口红，涂抹唇部，注意上唇薄下唇厚。

01

用尖尾梳将头发分成前后两个区。然后取出后区上部的头发并梳顺。

02

将后区分出的头发编成三股辫。然后将后区剩下的头发平均分成左右两部分，分别编成三股辫。

03

将编好的三股辫盘在脑后并固定。然后用细发网收拢碎发。

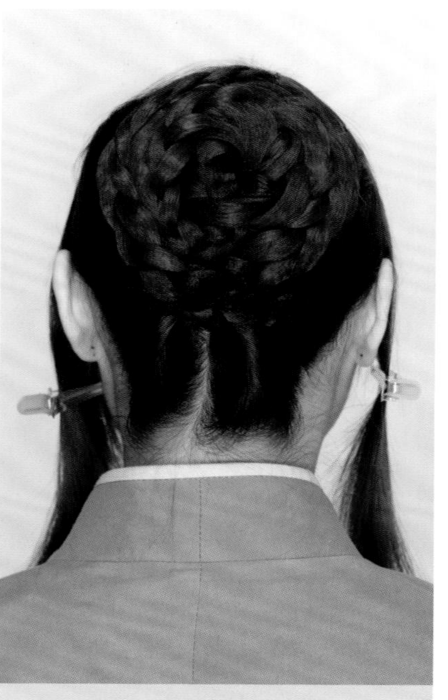

04

背面效果展示。

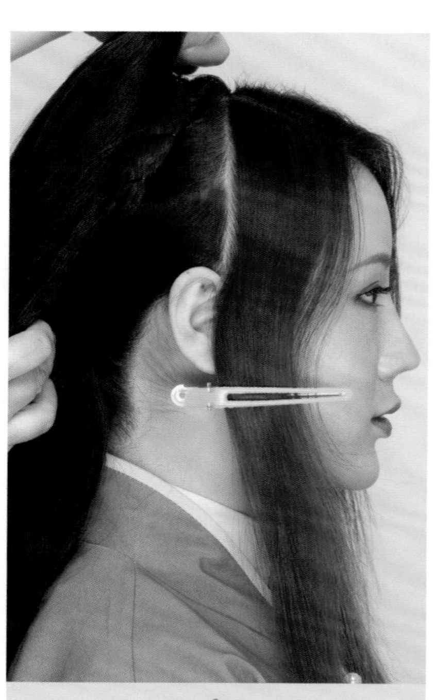

05

在头顶前后区分界线处佩戴女式假发半头套。

06

将女式假发半头套梳顺。

07

将前区头发中分。然后选择两个发垫，将其分别固定在两耳上方。

08

将前区的头发向后梳理，使其包裹住发垫。注意发丝的走向。

09

将发尾盘成玫瑰卷，在枕骨位置用一字卡固定。

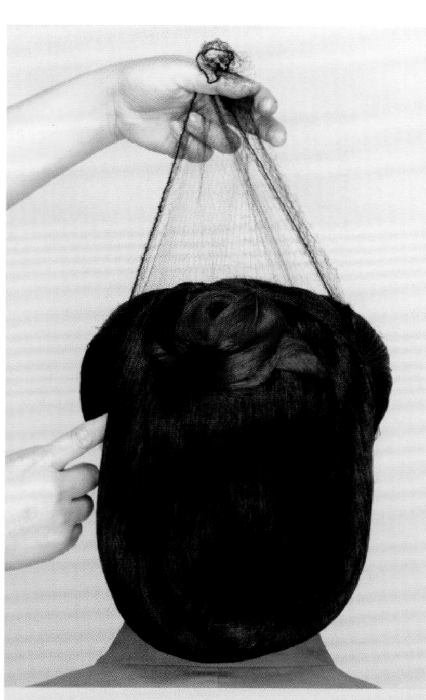

10

将后区的头发平均分成两份，然后左右交叉向上提，将发尾固定在头顶。用细发网收拢碎发，注意轮廓要饱满。

11

从正面看发型要左右对称。

12

左侧面效果展示。

13

把半圆髻放在头顶，用一字卡固定。

14

佩戴好饰品，造型完成。

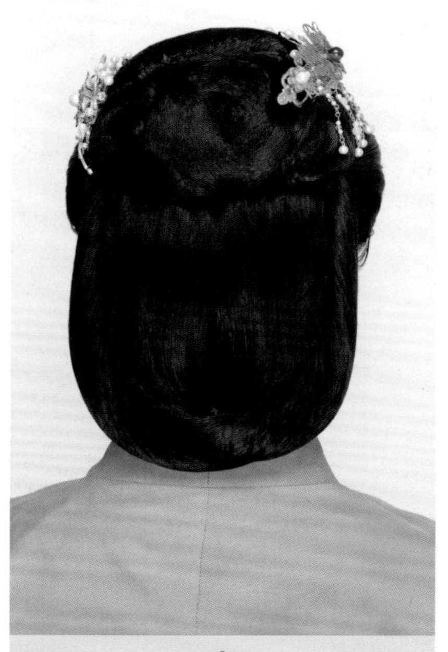

15

背面效果展示。

16

左侧面效果展示。

17

右后侧效果展示。

第五章

十大历史人物造型

【卓文君】
【王昭君】
【班昭】
【蔡文姬】
【苏蕙】
【上官婉儿】
【李清照】
【朱淑真】
【柳如是】
【顾太清】

卓文君

背景介绍·

卓文君，原名文后，汉代才女。她姿色娇美，精通音律，善弹琴。她曾作《白头吟》，诗中“愿得一心人，白头不相离”堪称经典佳句。

案例分析·

卓文君为汉代才女，造型设计以民间女子形象为宜，不能像宫廷中人物造型那样太过华丽张扬。锥形发髻能体现出女子贤淑、温柔的形象。妆面要精致、柔美，才能体现出人物娇美的感觉。注意发型要梳理出层次，鬓角处留出两缕头发，以体现飘逸、灵动的感觉。

01

将头发分成前后两个区。在前后区分界线处戴上女式假发半头套。然后从前区中间分出一片倒三角形的区域备用。

02

选择一个10~15cm长的小发垫，用一字卡将其固定在左耳上方。

03

从前区左侧头发中选取靠后的一部分，向后梳理，使其包裹住小发垫。

04

选择一个10~15cm长的小发垫，用一字卡将其固定在右耳上方。

05

从前区右侧头发中选取靠后的一部分，向后梳理，使其包裹住小发垫。

06

将前区留出的倒三角区域的头发向后梳理，适当调整饱满度。

07

固定前区头发的发尾，注意一定要压平整。前区倒三角区域的头发要向右后方梳理，注意纹理走向。

08

用一字卡将锥形发髻固定在头顶。

09

选择一束排发，将其固定在锥形发髻底部。

10

将排发在锥形发髻底部缠绕一圈后固定，使整体发型更加饱满、自然。

11

选择一个玫瑰卷，在锥形发髻下方固定好。这样能够将凹陷的区域填补起来，加强发型的饱满度。

12

将女式假发半头套的头发在背部位置扎起来。然后佩戴饰品，造型完成。

王昭君

背景介绍

王昭君，名嫱，西汉时期人。她和西施、貂蝉、杨玉环并称中国古代四大美女。

昭君天生丽质，才貌绝世，琴棋书画无一不精，尤善琵琶。她以民间女子的身份被选入掖庭，后被汉元帝赐给呼韩邪单于，与匈奴和亲。昭君出塞的故事流传至今。

案例分析

王昭君为西汉时期的女子。造型设计上选用垂髾髻来突出人物形象。选用能体现少数民族风情的头饰。

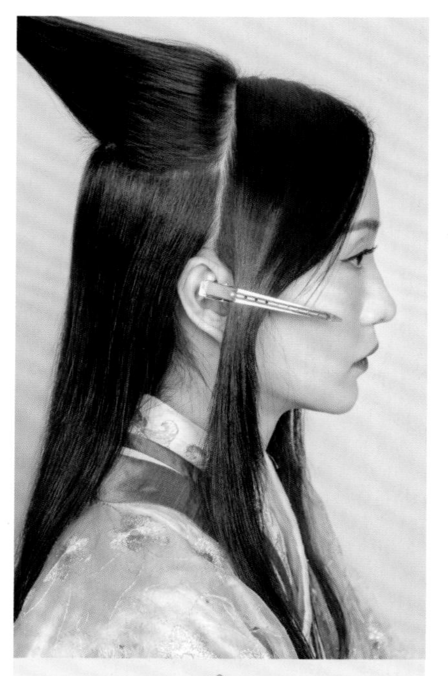

01

用尖尾梳沿两耳耳尖连线将头发分成前后两个区。将前区的头发中分，并用鸭嘴夹在两侧分别固定。分出后区上部的头发。

02

将后区上部分出的头发编成三股辫。然后将后区下部的头发平均分为左右两份，分别编成三股辫。

03

将后区编好的三股辫盘在枕骨区并固定。套一层细发网，以收拢碎发。

04

在前后区分界线处佩戴女式假发半头套。

05

将女式假发半头套固定好，并将头发梳顺。

06

在前区中间分出一个倒三角形的区域备用。然后选择两个10~15cm长的小发垫，分别将其固定在两耳上方。

07

右侧效果展示。

08

将前区右侧的头发向后梳理，使其包裹住小发垫。

09

完成后的效果展示。

10

前区左侧采用同样的手法处理。选择一个小发垫，用一字卡将其固定在头顶。

11

将前区分出的倒三角区的头发向后梳理，使其包裹住发垫。然后在额前佩戴饰品。

12

用一字卡将垂髾髻固定在枕骨上方。

13

在垂髾髻底部固定一束排发。

14

将排发在垂髾髻底部缠绕一圈，用一字卡固定好，让整体发型更加自然、饱满。

15

佩戴其余的饰品，造型完成。

班昭

背景介绍

班昭，字惠班，生于文墨世家，自幼天资聪慧，勤奋好学。受家庭环境影响和父兄的教诲，她从小就熟读经书和各类典籍文献，博学广识，才思敏捷，是东汉时期的史学家和文学家。班昭由于才华出众，又兼精通儒学和礼乐，深得汉和帝刘肇的赏识。汉和帝曾多次召她入宫，命皇后及妃嫔向她学习儒家经典、经书礼乐及天文算术。邓太后临朝时，曾特许班昭参与政事。

案例分析

班昭为东汉时期的才女，造型设计要华丽稳重。妆面上眉毛是重点，眉一定要纤长。发型设计选用扇髻。设计发型时要学会运用假发片修饰脸形，注意发型要左右对称，发丝走向要流畅。头饰要华丽大气。

01

用尖尾梳沿两耳耳尖的连线将头发分成前后两个区。将前区的头发中分，接着将后区的头发均分成三部分，分别编成三股辫。

02

将编好的三股辫如图所示盘在脑后并固定。然后用细发网包住发髻，以收拢碎发。

03

在头顶前后区分界线处佩戴女式假发半头套，并用一字卡固定。

04

将女式假发半头套的头发梳顺。

05

在女式假发半头套边缘处从前区分出一层头发，将其向后梳理，使其包裹住半头套的边缘，使其过渡衔接更自然。

06

将前区的头发平均分成三份。然后在前后区分界线处固定一束假发，以增加发量。

07

将假发与前区左右两侧的头发结合在一起，从耳朵下方绕过后向上梳理。将发尾固定在头顶。注意耳朵下方头发形成的弧度要圆润、自然。

08

将前区中间的头发向后梳理，并用一字卡在头顶处固定。

09

完成后的正面效果展示。

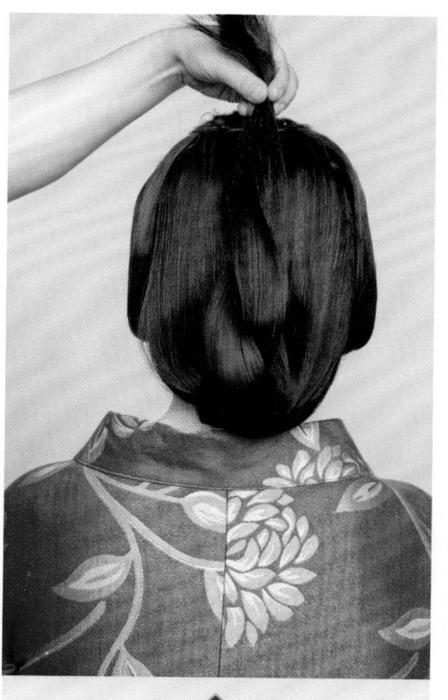

10

将女式假发半头套的头发从颈部位置开始进行两股拧绳处理，形成松散的两股辫。将两股辫向上提起。

11

将两股辫的发尾固定在头顶。将扇髻固定在头顶，注意衔接要自然。

12

正面效果展示。

13

佩戴饰品，造型完成。

蔡文姬

背景介绍

蔡文姬，原名蔡琰，字昭姬，东汉时期著名的女文学家，她的父亲蔡邕是东汉时期著名的文学家、书法家。在父亲的影响下，蔡文姬不仅博学多识、才智超群，精通书法和音律，还为后人留下了《悲愤诗》《胡笳十八拍》等作品。

案例分析

该案例的发型设计重点是垂云髻的打造。此发型以简洁、易梳理为特色，深受当时女子的喜爱。梳理时要注意前区左右两侧头发的走向，前区两侧的头发一定要包住耳朵的上半部分，且左右要对称。

01

用尖尾梳沿两耳耳尖的连线将头发分成前后两个区。将前区的头发中分，接着将后区的头发均分成三部分，分别编成三股辫。

02

将编好的三股辫如图所示盘在脑后，用一字卡固定。

03

用细发网套住发髻，以收拢碎发。

04

在前后区分界线处佩戴女式假发半头套，并用一字卡固定。

05

将女式假发半头套的头发梳顺。

06

在女式假发半头套边缘处从前区分出一层头发，向后梳理，使其包裹住女式假发半头套的边缘，进行过渡衔接。

07

将前区的头发梳顺后使其盖住耳朵中部。在耳朵处用鸭嘴夹固定，再向上梳理。将发尾固定在头顶。注意发丝的走向。

08

在头顶处用一字卡固定一个小发包。

09

侧面效果展示。

10

将女式假发半头套发尾向上折，用皮筋固定。

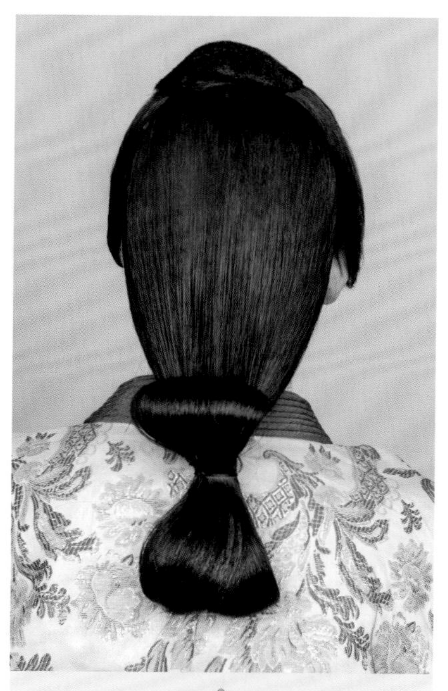

11

将剩余的发尾再向里对折，梳理出蝴蝶结形状并用皮筋固定。

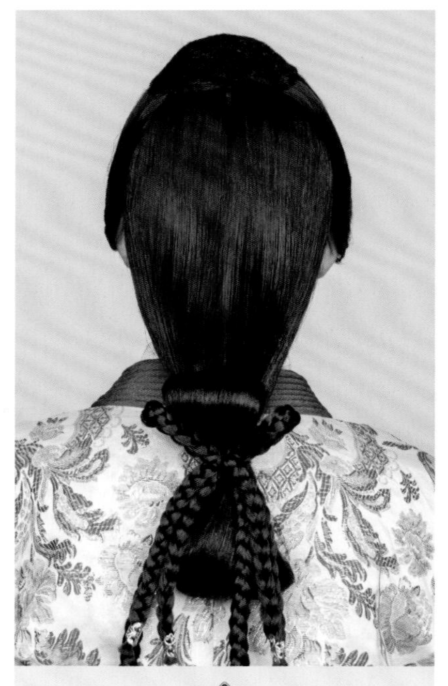

12

将两条编好的三股辫对折，将其交叉固定在蝴蝶结中间区域，整体形成垂云髻。

13

在蝴蝶结中部佩戴发饰。

14

在小发包后方固定一片假发片。

15

用假发片包裹住小发包，将发尾盘成玫瑰卷并固定。套一层细发网，以收拢碎发。

16

佩戴饰品，造型完成。

17

背面效果展示。

苏惠

背景介绍

苏惠，字若兰，十六国时期的著名才女。她自幼研习诗文书画，熟稔刺绣织锦。苏惠为了表达对丈夫的思念之情，将所写诗词进行编排整理，暗藏在29行、29列的文字里。她怀着满腔幽思，废寝忘食地把诗词织在八寸锦缎上，完成了织锦《璇玑图》。此后，《璇玑图》被诸多名家解读，唐代武则天曾专门为《璇玑图》撰写序文。

案例分析

苏惠是十六国时期的女子，因而将她的发型设计为双髻。处理女式假发半头套时，要将发尾拧成两股辫再固定。这款发型能凸显女性的娴雅与大方。

01

用尖尾梳沿两耳耳尖的连线将头发分成前后两个区。将前区的头发中分，用鸭嘴夹在左右两侧固定。将后区的头发平均分为三份。

02

将后区的三份头发都编成三股辫。

03

将编好的三股辫盘在脑后并固定。然后用细发网包住后区，以收拢碎发。

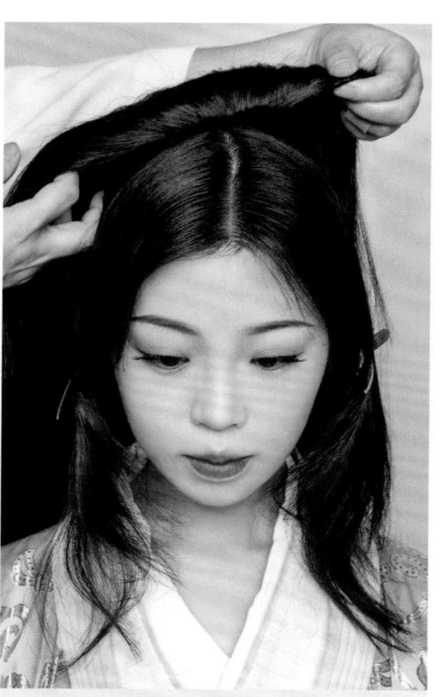

04

在前后区分界线处佩戴女式假发半头套，并用一字卡固定。

05

选择两个大小相同的小发垫，用一字卡将其分别固定在两耳上方。

06

从前区右侧头发中分出一部分，向后梳理，使其包裹住小发垫。

07

将前区右侧剩余的头发沿着前发际线梳理，盖住耳朵上部，将发尾向上提，固定在枕骨位置。

08

前区左侧的头发采用与右侧相同的手法处理。

09

完成后的侧面效果展示。

10

将女式假发半头套的头发从颈部位置分成两股，进行两股拧绳处理，并将两股辫向上提起。

11

将两股辫的发尾在头顶固定好。

12

用一字卡将双髻固定在头顶。

13

将排发固定在双髻底部。

14

将排发缠绕双髻一圈后固定，使发型过渡衔接更加自然。

15

背面效果展示。

16

佩戴饰品，造型完成。

17

背面效果展示。

上官婉儿

背景介绍·

上官婉儿，又称上官昭容，唐代诗人、女官、皇妃。她明达吏事、聪敏过人，14岁时由于样貌绝佳、才华横溢而被武则天重用，掌管宫中制诰，有“巾帼宰相”之名。

在诗歌方面，上官婉儿重视诗的形式技巧，“绮错婉媚”的诗风逐渐影响了宫廷诗人乃至其他士人的创作方向，“上官体”一时成为上流社会的主流创作风格。上官婉儿设立修文馆，广召当朝词学之臣，大力开展文化活动。此外，上官婉儿还在开拓唐代园林山水诗的题材方面多有贡献。

案例分析·

上官婉儿一直身居皇宫，造型上需要设计得华美一些，才能彰显皇家之显贵。发型设计选择的是双鬟望仙髻，用两个金色发簪进行点缀，能凸显出她作为女官的气势和才气。

01

用尖尾梳沿两耳耳尖连线将头发分成前后两个区。将前区的头发中分，并用鸭嘴夹在左右两侧分别固定。

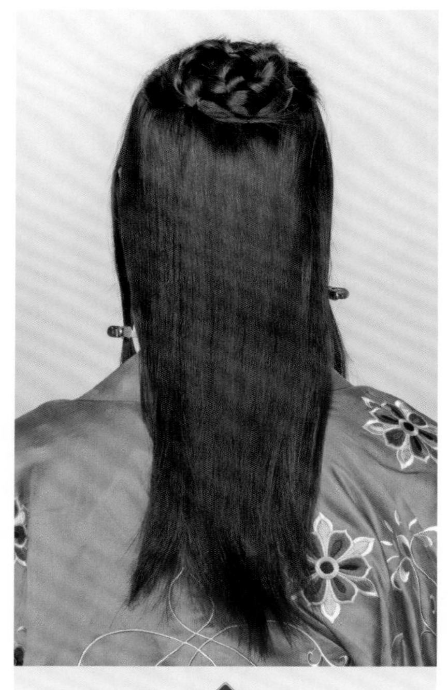

02

在后区上部分出一部分头发，编成三股辫。将三股辫盘成小发髻并固定。

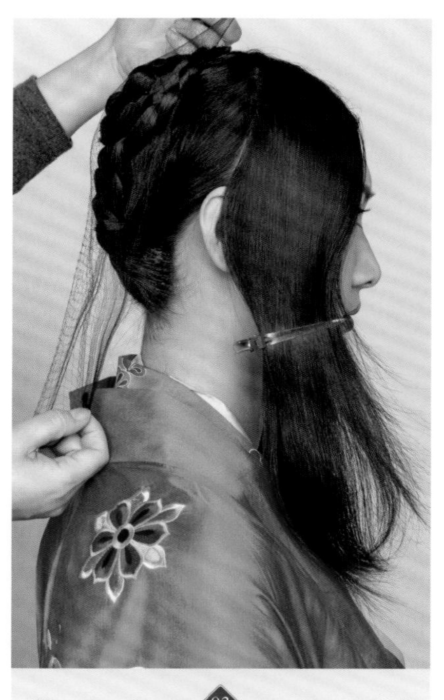

03

将后区剩下的头发平均分成左右两部分，分别编成三股辫。将三股辫与小发髻固定在一起。然后套一层细发网，以收拢碎发。

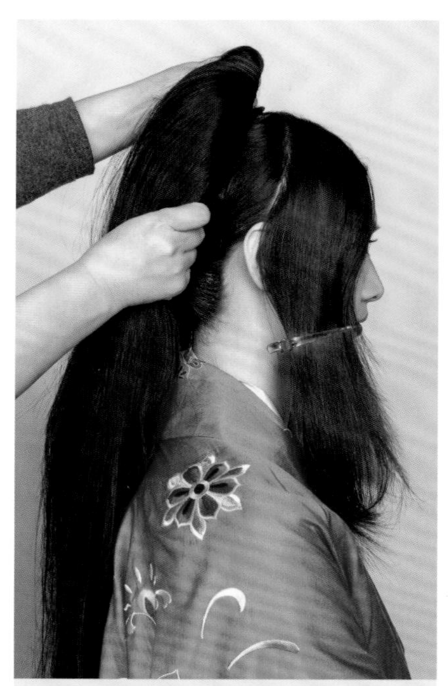

04

在前后区分界线处佩戴女式假发半头套。

05

将女式假发半头套的头发梳顺。

06

将前区的头发三七分（左三右七）。选择两个10~15cm长的发垫，用一字卡将其分别固定在两耳上方。

07

将前区左侧的头发向斜后上方梳理，包裹住发垫。

08

将前区右侧的头发分为两份，将右方一份向斜后上方梳理，包裹住右侧的发垫。

09

侧面效果展示。

10

将前区剩下的头发斜向右下方梳理，盖住耳朵上部，将发尾提起，固定在枕骨处。

11

将前区头发的发尾盘起。

12

侧面效果展示。

13

用一字卡将双鬟望仙髻固定在枕骨上方。将一束假发绕发髻底部缠一圈并固定。

14

将一个玫瑰卷固定在双鬟望仙髻下方左侧，以增强整体发型的饱满度。佩戴两支金钗。

15

调整发型细节，造型完成。

16

侧面效果展示。

李清照

背景介绍

李清照，号易安居士，宋代著名女词人。她出身于书香门第，其父藏书甚多，她自幼就打下了良好的文学基础。她工诗善文，更擅作词，曾以一首《如梦令》轰动京师，名扬文坛。此后，由于她的词名极盛，人们纷纷模仿她的词风，逐渐形成了“易安体”。

李清照是婉约派代表，甚至被后人称为“千古第一才女”。她的词作绝美婉转、意蕴悠长，虽然多抒发离愁别绪，但李清照本人是位思想睿智、心怀抱负的独立女性。

案例分析

李清照作为宋代才女，造型风格以贤惠端庄、娴静典雅为主。处理后区的头发时，应尽量用模特的真发包住假发包，真假发结合要自然。前面的刘海根据脸形进行设计，可用两个半月形的发髻增强层次感。选择的头饰应简单贵气。

01

用尖尾梳沿两耳耳尖连线将头发分成前后两个区。将前区的头发中分，并用鸭嘴夹在左右两耳处分别固定。后区头发也用鸭嘴夹固定一下。

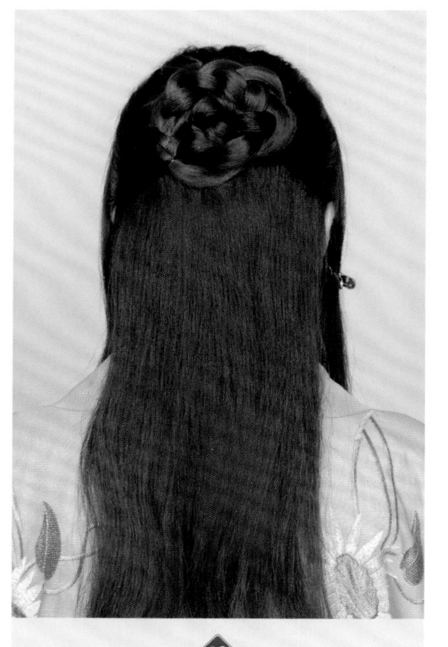

02

分出后区顶部的头发，将其编成三股辫。将三股辫在黄金点的位置盘成小发髻并固定。

03

选择一个U形发垫，用一字卡将其固定在脑后。

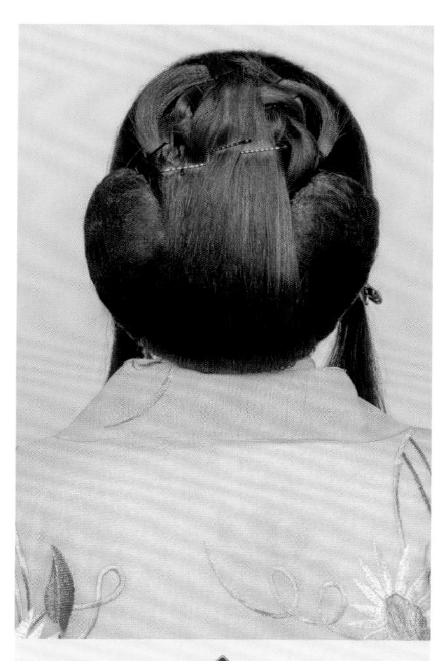

04

将后区的头发向上梳理，使其包裹住U形发垫底部。用一字卡将发尾固定在小发髻上。

05

在前后区分界线处用一字卡固定一个全发垫。

06

在发垫边缘处从前区分出一层头发。将头发向后梳理，使其包裹住全发垫。

07

将包裹发垫头发剩余的发尾固定在盘好的小发髻上。

08

将前区剩余的头发向后梳理，绕过耳朵上方，将发尾藏好并固定。然后用一根假三股辫从左耳后方沿后发际线绕至右耳后方，用一字卡固定。

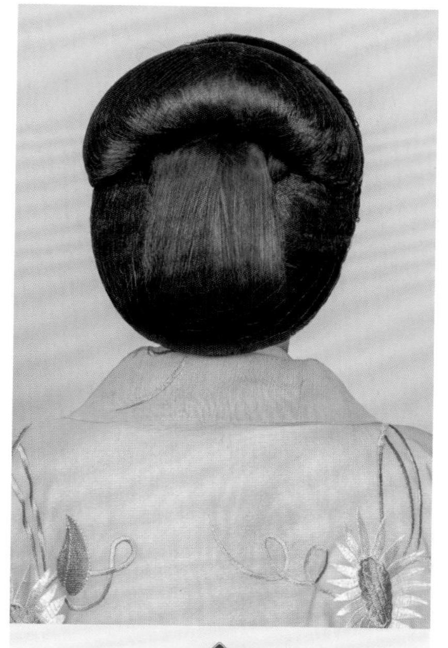

09

用一字卡将半月形发髻固定在步骤02盘好的小发髻上方，以增强发型饱满度。然后套上细发网，以收拢碎发。

10

在半月形发髻上方再固定一个小一号的半月形发髻，以增强发型的层次感。

11

在小的半月形发髻底部固定一片排发，使其包裹住发髻。

12

佩戴饰品，造型完成。

朱淑真

背景介绍·

朱淑真，号幽栖居士，南宋著名女词人。出身于仕宦之家的她博通经史，能文善画，精通音律，尤工诗词，素有“才女”之称。

她的作品有《断肠词》《断肠诗集》，她所写的诗词都极富真性情。她曾写下孤立傲世的咏菊诗“宁可抱香枝头老，不随黄叶舞秋风”，也写过孤独至极的“独行独坐，独唱独酌还独卧”，还留下了传诵千古的名句“月上柳梢头，人约黄昏后”。

案例分析·

朱淑真为南宋时期的才女。造型设计要突出她窈窕秀美的形象，凸显她温文尔雅的性格特点。头饰要简洁、精致。发型设计时可采用空心鬟髻，以体现曲线美。在梳理时要注意整体发型的弧度，使其看起来自然、流畅。

01

用尖尾梳沿两耳耳尖连线将头发分成前后两个区。将前区的头发中分，并用鸭嘴夹在左右两侧固定。分出后区上部的头发。

02

将后区上部分出的头发编成三股辫。

03

将后区下部的头发分为左右两部分，分别编成三股辫。然后将后区编好的三股辫盘在枕骨位置并固定。套一层细发网，以收拢碎发。

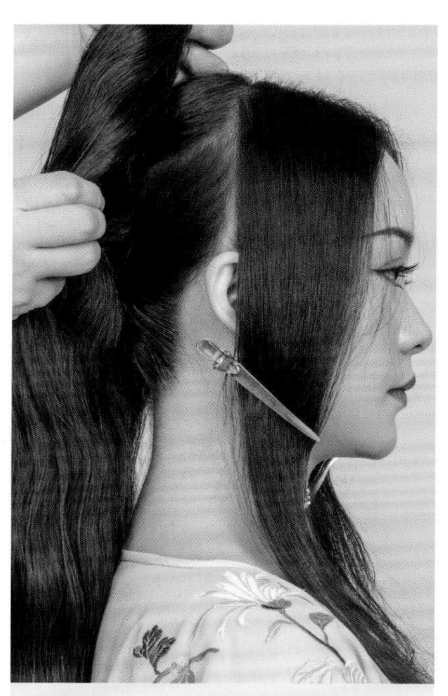

04

在前后区分界线处佩戴女式假发半头套。

05

用一字卡将女式假发半头套固定好并将头发梳顺。

06

将前区头发三七分（左七右三）。然后选择一个10~15cm长的小发垫，用一字卡将其固定在右耳上方。

07

从前区右侧头发中分出靠后的一部分，向后梳理，使其包裹住小发垫。将发尾卷成玫瑰卷。

08

在左耳上方固定一个小发垫。注意左侧的发垫要比右侧的长一点。

09

将前区左侧的头发分为左右两部分，将右半部分的头发向斜后方梳理，使其包裹住一半发垫。

10

留出龙须发，将前区左侧剩下的头发向后梳理，使其包裹住发垫。将发尾卷成玫瑰卷。

11

在女式假发半头套左侧取一缕头发，向左绕成一个环形并在右上方固定。

12

在右侧相邻处再取一缕头发，采用相同的手法处理，注意两个环形大小相等、左右对称。

13

在所有发尾交接的地方固定一个大的玫瑰卷，使发型更加饱满、自然。

14

佩戴饰品，造型完成。

柳如是

背景介绍·

柳如是，原名杨爱，又称河东君，浙江嘉兴人，明末清初女诗人。她虽歌伎出身，但个性坚强、正直聪慧，其文学修养和艺术才华极为出众。她的书画颇负盛名，其画娴熟简约、清丽有致；她的书法深得世人赞赏，被称赞“铁腕怀银钩，曾将妙踪收”。

案例分析·

柳如是为明末清初时期的歌伎，但却有深厚的家国情怀。因而造型设计要清新脱俗，表现出“出淤泥而不染”的形象。该案例的发型以编发为主。额头两侧头发的走向要流畅。胸前垂两根三股辫，以使人物更有活力。

01

用尖尾梳沿两耳耳尖的连线将头发分成前后两个区。将前区的头发中分，并用鸭嘴夹在左右两侧固定。

02

将后区的头发均分成三份，分别编成三股辫。

03

将编好的三股辫盘在脑后并固定。然后用细发网包住后区，以收拢碎发。

04

在前后区分界线处佩戴女式假发半头套。

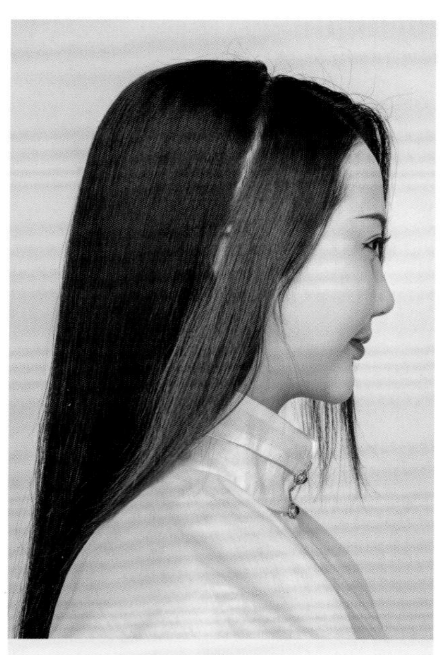

05

将女式假发半头套固定好，并将头发梳顺。

06

选择两个大小相同的小发垫，用一字卡分别固定在两耳上方。将前区的头发均分为三份，将中间一份用鸭嘴夹固定。

07

左侧面效果展示。

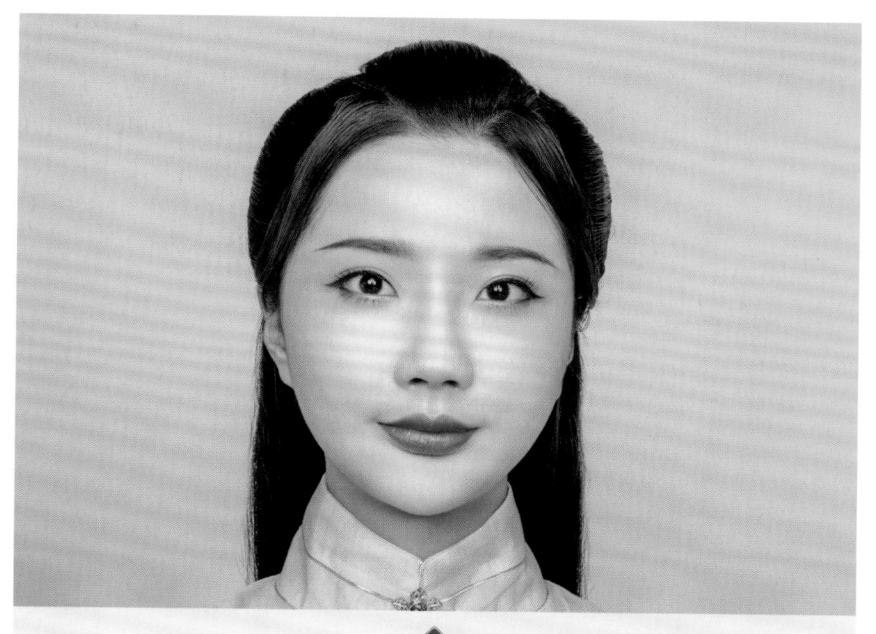

08

将前区中间的头发向后梳理并固定。从前区两侧分出一层靠后的头发，分别向后梳理，使之包裹住小发垫。将余下的头发分别沿着发际线梳理，在耳朵处上提，将发尾固定在枕骨位置。这样可以弥补额角的缺陷，使发型更加饱满。

09

将前区头发的发尾在脑后盘好并固定。

10

侧面效果展示。

11

在后发际线处左右各取一缕头发，编成三股辫后置于胸前。将两根三股辫与饰品结合，绕成蝴蝶结形状，将其固定在枕骨处。再在其下方固定一个由三股辫盘成的圆形发髻。

12

侧面效果展示。

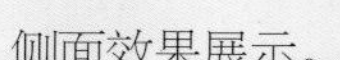

13

佩戴饰品，造型完成。

14

背面效果展示。

顾太清

背景介绍

顾太清，名春，字梅仙，清代女词人，女性小说家。外貌清秀的顾太清，性格温婉贤淑，才华横溢。她一生写作不辍，创作涉及诗、词、小说和绘画等领域。她著有词集《东海渔歌》和诗集《天游阁集》，并著有小说《红楼梦影》。

案例分析

顾太清属于清代的人物。设计造型时，发型要用到典型的两把头和燕尾，后区的头发要向头顶的方向斜着梳理。头饰选用的是绒花，可增添造型的富贵感。

01

用尖尾梳沿两耳耳尖连线将头发分成前后两个区。将前区的头发四六分（左四右六），用鸭嘴夹在左右两侧固定。分出后区上部的头发。

02

将后区上部分出的发片编成三股辫，盘起并固定，形成一个小发髻。

03

在后区下部中间位置分出一个倒三角区域。将头发向上提拉扎紧，盘在小发髻上。

04

用一字卡将燕尾固定在倒三角区域。

05

将后区下部右侧的头发向左上方梳理，使其包裹住燕尾上部。

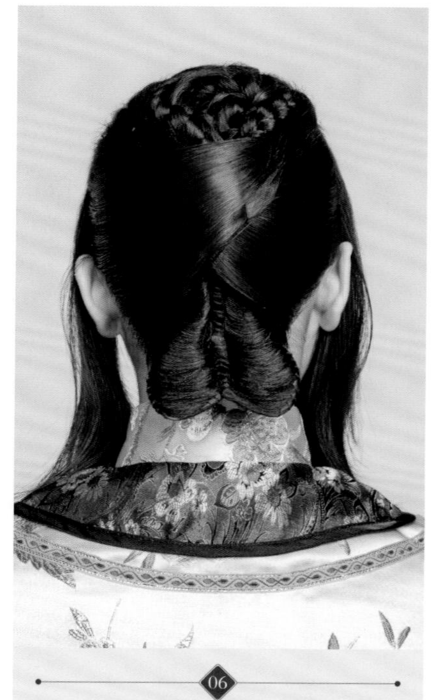

06

后区下部左侧的头发采用与后区下部右侧相同的手法处理。

07

将前区两侧的头发分别向后梳理，发尾左右交叉固定，注意弧度，并留出鬓角的头发。

08

右侧效果展示。

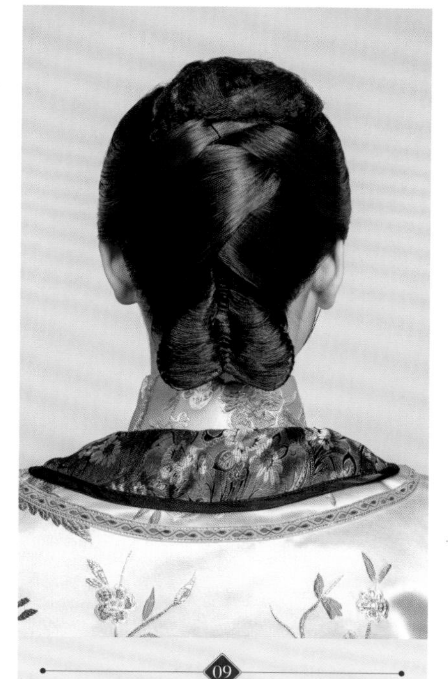

09

用细发网包住顶区的头发，以收拢碎发。

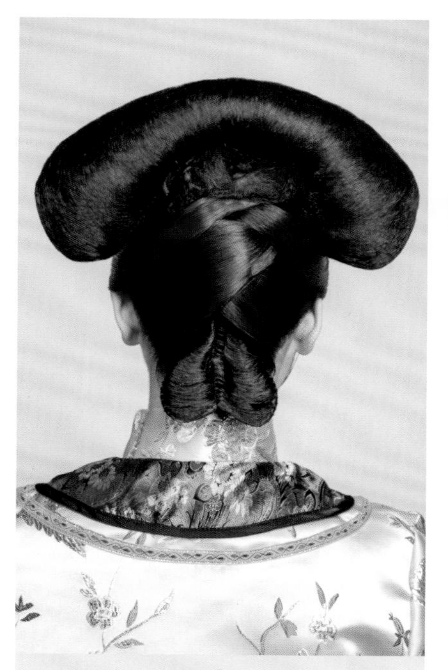

10

用一字卡将两把头固定在头顶。

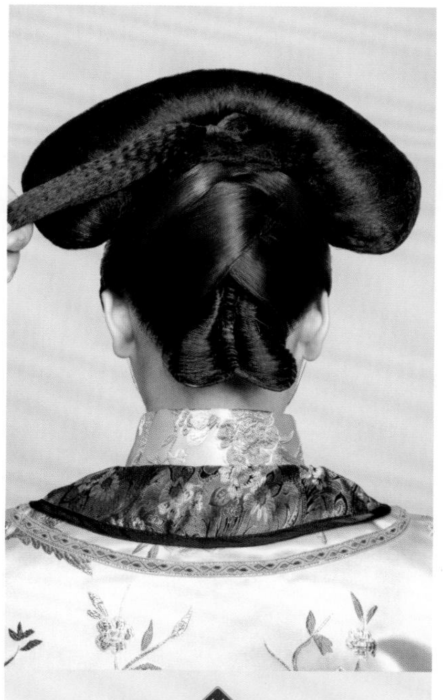

11

在两把头底部用一字卡固定一束排发。

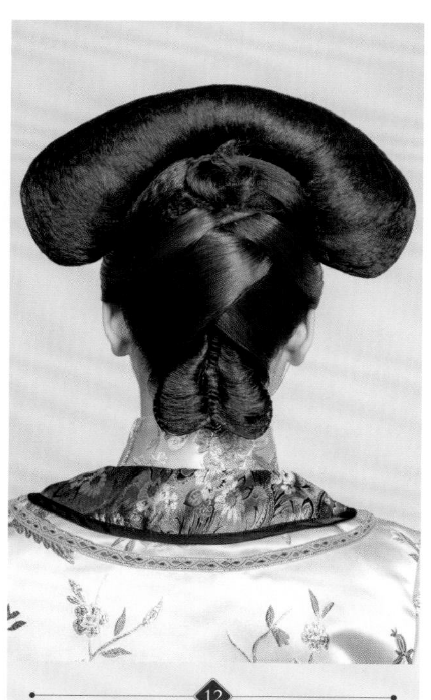

12

用排发在两把头的底部缠绕一圈，并用一字卡固定。

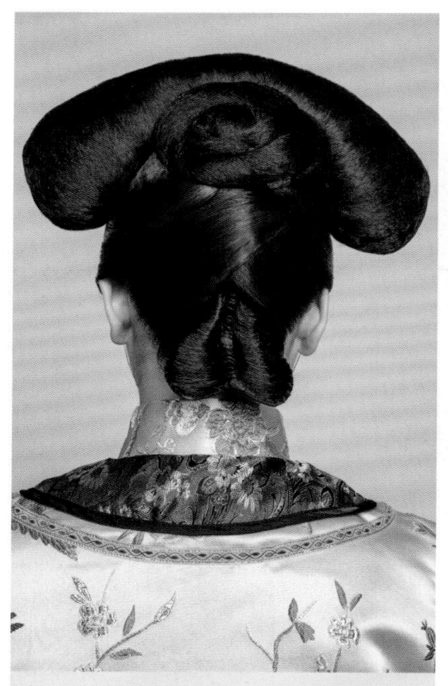

13

将玫瑰卷固定在两把头中部下方，使整体造型更饱满。

14

佩戴饰品，造型完成。